全国农民教育培训规划教材

李高效生产技术

LI GAOXIAO SHENGCHAN JISHU

吴剑波 主编

中国农业出版社
北 京

编审人员名单

主　编　吴剑波

副主编　张定平

编　者（按姓氏笔画排序）

万先俊　王　瑜　王继平　王雪晴　王常伟
田海龙　白庆武　向　琼　牟　红　严奉成
李　宁　李　涛　李红梅　李高坤　杨冬莉
吴　红　吴剑波　何静秋　张向辉　张良贵
张定平　张夏兰　陆顺燕　陈　佳　陈　蓉
陈　夔　陈建波　陈家伦　林春来　欧泽江
周宗渝　郑仕孝　郑健英　姜　洪　姚安平
夏　旌　夏胜荣　徐　梦　唐洪兵　陶险锋
黄　珍　黄　强　黄平莲　谢礼平　温志为
彭　勇　彭　敏　彭江涛　蒋丽芬　舒　畅
曾　义　曾　敏　廖成华　裴洪梅　蔡　敏
糜　力

审　稿　王从平　罗祖坤

前言 PREFACE

在本稿成书之际，笔者避开有专业技术员维护的果园，深入到田间地头，与李树栽培散户进行了交流，有的说，同样的果树，果园里的李子个大味好，我的李子不仅个小，而且酸涩；有的说，我的李树总是不结果；有的说，我的李树栽的时候有多大，现在还是多大，并且在栽植的时候，根部套的塑料薄膜没有去掉。这些问题使我深深感觉到编写这本技术手册的必要性。

李是我国的原始物种，其名称最早见于《诗经》。“丘中有李，彼留之子。”（《诗经·王风·丘中有麻》），“投我以桃，报之以李。”（《诗经·大雅·抑》）早在先秦西周时期，我国就有了李的名称和栽种历史，距今当在3 000年以上。如今，李树已是温带重要果树之一，全世界约有30余个李植物种，主要分布在北半球温带，在我国主要种质类群有：中国李、杏李、乌苏里李、欧洲李、樱桃李、美洲李、加拿大李、黑刺李等8个种3个变种800余个品种或类型，在我国首次发现欧洲李和樱桃李的野生群落，鉴定证明欧洲李起源于中国。国家果树种质资源熊岳李杏圃收集的李果树种质资源数据570份，为李果树遗传多样性的保护和持续利用提供了重要依据。

2000年以后，国家先后颁布了几项李种质资源鉴定评价行业标准，如2004年的《鲜李》（NY/T 839—2004）、2007年的《农作物种质资源鉴定技术规程·李》（NY/T 1308—2007）、2011年的《农作物优异种质资源评价规范·李》（NY/T 2027—2011）。2004年河北省发布了《鲜李果实质量》（DB13/T 525—2004）地方标准、2011年国家发布了《李贮藏技术规程》（GB/T 26901—2011）国家标准、2017年国家林业局发布了《李栽培技术规程》（LY/T 2825—2017）行业标准。这些标准，涵盖了李的种质、种植、采摘、贮藏、质量、评价等规范，逐步规范了李的发展体系。

经过改革开放40年的发展，李水果发展的高峰期已经来临，出现了区域范围的主栽品种，并形成了一定的规模，产生了品牌效应，避免了同质化竞争。尽管如此，全国各地的发展仍然参差不齐，存在着品种老化、产量高品质低、管理水平低下等栽培和管理上的问题，存在着鲜食多、加工处理少等深度发展的问题。这些问题，将是制约李发展的瓶颈问题。为解决这些问题，我们编写这本手册，抛砖引玉，供广大果农和培训人员参考使用。

本手册在编写过程中，参考并借鉴了许多专家的成果，在此特别鸣谢。由于水平有限，错误难免，敬请指正。

编　者

2019年4月

CONTENTS 目录

前言

第一章　李生长基础知识

第一节　李的生长特性 …… 1
一、根 …… 1
二、芽 …… 3
三、枝 …… 5
四、叶 …… 8
五、花 …… 9
六、果实 …… 10

第二节　李的物候期 …… 11
一、休眠期 …… 11
二、生长期 …… 11

第三节　环境因素对李的影响 …… 15
一、土壤 …… 15
二、温度 …… 16
三、湿度 …… 16
四、光照 …… 17
五、风 …… 17

第二章　高品质李的栽培

第一节　李的种苗繁育 …… 18
一、实生 …… 18
二、分株 …… 19

三、扦插 …… 19
四、嫁接 …… 20
第二节 建园栽植 …… 23
一、产地环境条件 …… 23
二、果园的规划设计 …… 23
三、品种配置及栽植 …… 25
四、苗木质量要求 …… 27
五、栽植时期及密度 …… 28
六、栽植方法 …… 29
第三节 整形修剪 …… 29
一、整形修剪的方法 …… 29
二、不同树龄的修剪要点 …… 34
三、李的常见树形 …… 36
第四节 花果管理 …… 38
一、授粉 …… 38
二、喷施生长调节剂和营养元素 …… 40
三、花期环剥 …… 41
四、疏花疏果 …… 41
五、生理落果 …… 42
六、果实套袋 …… 43

第三章 土壤肥料管理

第一节 土壤 …… 44
一、土壤质地及判别 …… 44
二、土壤的改良 …… 45
三、调节土壤有机质 …… 45
四、调节土壤肥力 …… 46
五、果园土壤的改良 …… 46
第二节 肥料 …… 48
一、果树施肥的误区 …… 48
二、肥料的种类 …… 48
三、平衡施肥技术 …… 51

第四章 病虫害防治
第一节 病害 …… 59
一、流胶病 …… 59
二、红点病 …… 60
三、细菌性穿孔病 …… 61
四、穿孔性叶点病 …… 62
五、褐斑穿孔病 …… 62
六、腐烂病 …… 62
七、枝腐病 …… 63
八、褐腐病 …… 63
九、袋果病 …… 64
十、疮痂病 …… 65
十一、炭疽病 …… 66
十二、根癌病 …… 66
十三、果锈病 …… 67
十四、裂果病 …… 67
第二节 虫害 …… 68
一、小食心虫 …… 68
二、叶螨 …… 69
三、桃红颈天牛 …… 69
四、介壳虫 …… 70
五、金龟子 …… 71
六、天幕毛虫 …… 72
七、大青叶蝉 …… 72
八、蚜虫 …… 73
九、桃蛀螟 …… 73
十、李实蜂 …… 73
第三节 综合防治措施 …… 74
一、农业防治 …… 74
二、物理防治 …… 74
三、生物防治 …… 75

四、化学防治 …… 76
第四节　常规农药的配制 …… 76
一、石硫合剂的配制和使用 …… 76
二、波尔多液的配制和使用 …… 76

第五章　果实采收及加工

第一节　李果实的成熟过程 …… 78
一、李果实的成熟标准 …… 78
二、李果中的糖和酸 …… 79
三、李果实的香气成分 …… 80
四、李果实成熟质地的变化 …… 80
第二节　李果实成熟衰老质地变化的调控 …… 81
一、物理调控 …… 81
二、生物化学调控 …… 83
第三节　果实的加工 …… 84
一、果汁加工 …… 84
二、李果酒生产 …… 84
三、李脯加工 …… 85
四、话李加工 …… 85
五、李干加工 …… 85
六、李罐头加工 …… 86

附件：《巫山脆李生产技术规程及管理年历》

主要参考文献 …… 96

第一章
李生长基础知识

选择了李作为特色产业，就必须熟悉、了解李。李的生长特性和生长环境因素，是栽培李的基础知识。全面学习和掌握根、芽、枝、叶、花、果实的生长特性，果实生长发育的物候期，土壤、温度、湿度、光照等环境因素对李生长的影响，能够减少栽培过程中的盲目性，为取得较高的经济效益打下坚实的基础。

第一节　李的生长特性

李种子经过萌发、生长和发育，形成具有枝系和根系的李树，枝系和根系是李树的营养器官和繁殖器官。营养器官包括根、枝、叶，负责李树生长的营养。繁殖器官包括花、果实和种子，负责李树的繁殖。

一、根

根是李树树体在地下的重要营养器官，它的主要作用是固定树体、吸收土壤中的水分和养分（无机盐），将所吸收的物质运输到地上部分的枝、叶、花和果实中。

（一）分布特性

李树属于浅根性果树，主根不发达，须根发达，并且分布较浅，吸收根分布在地表下 20～60 厘米的土层内，分布范围常比树冠直径大 1～2 倍。根据树龄和土壤质量，根系发育和分布有所不同。

根在土壤中的排列具有层次性，一般有 2～3 层，各层表现为不同的生长习性，上层根距地表近，分根性强，受环境影响变化较大，下层根距地表远，受地表环境影响小，分根性弱，但活动延续时间较长。

（二）发育特性

李树根系发育好坏对李树的生长和结果有重要影响，李树的生长和结果又对根系的生长发育具有反作用，因此我们必须认真研究和养护它，不可等闲视之。

1. 幼树根的发育特性 幼树根的生长发育是有规律可循的，一年中有3个高峰期。

第1个高峰期在4月下旬至5月上旬。春季来临时，随着土壤温度上升，土温达到6～7℃时，李根开始生长，4月下旬至5月上旬到达李树根系的第1次生长高峰。在李树萌芽前，追施根肥，促进根系健康生长，调理土壤，为李树开花结果、抗病抗逆打好基础。

第2个高峰期在6月中旬至7月初。随着李树的开花、结果、发新梢开始，李树的养分需要量加大，养分集中供应地上部分，根系生长就变得缓慢，根系活动转入低潮，到6月中旬随着新梢生长的停止，果实开始膨大时，根系再次加速生长，这个时期，需要调节果实、花芽、根系的营养平衡，追施根肥，让养分均衡供给根、叶、花芽、果实，促进果实快速膨大、根系健康生长、花芽持续分化。

第3个高峰期在8月下旬出现。这次高峰期不明显，持续的时间不长。需要及时补充养分，养好根系，控制枝条旺长，为来年取得好的产量打下基础。这段时间到11月是李树贮存养分和养根的最佳时间，也是全年最重要的施基肥时间。

2. 成年树根的发育特性 成年李树的生根高峰与幼年李树略有不同，李树成年后，只有春秋两次生根高峰期。成年树根受土壤温度、水分、通气条件、肥料、病虫害影响较大，正常情况下，没有自然休眠状态。

（1）温度的影响。温度与根系生长的关系，主要表现在根对水分的吸收，低温条件下土壤中水的扩散减弱，影响吸收，低温还降低根的呼吸作用，产生能量不足，吸收功能减弱。在土温6～7℃时，李树根系活动加强，开始生长，随着土温的逐渐升高，活动不断加强，在15～22℃时是根系活跃期。但土壤温度过高，超过22℃时，会抑制根的生长，根系生长变缓，直到停止。

（2）水分的影响。土壤中含水量占持水量的60%～80%时，最适宜根的生长。干旱时，土壤水分不足，根系不能正常生长。如果土壤中的含水量过高，土壤过湿，导致土壤通气不良，根系的生理活动也会受到影响，严重时引起烂根。

（3）通气条件的影响。冬季期间，要深翻土壤，使其透气，保持土壤疏松、通气良好，是增加根的数量、提高根系功能的重要方法（图1）。这也明确了为什么沙壤中果树须根量大、结果早，是因为沙壤疏松、通气良好。

（4）肥料的影响。在田间调查时，果农将堆在果树旁边的一堆羊粪指给我看，告诉我，这个地方的根系特别发达，分布多而长。这是因为根的生长也需要养分和微生物，有机肥能使李树生出更多的吸收根，使其根系更发达（图 2）。

图 1　沙壤中的巫山脆李

图 2　李树园中堆置的羊粪

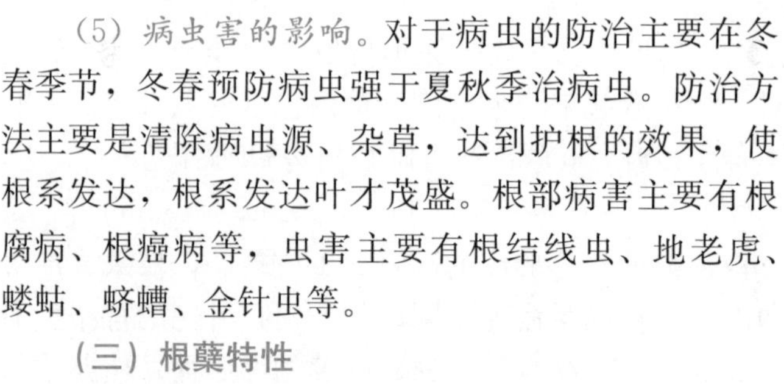

（5）病虫害的影响。对于病虫的防治主要在冬春季节，冬春预防病虫强于夏秋季治病虫。防治方法主要是清除病虫源、杂草，达到护根的效果，使根系发达，根系发达叶才茂盛。根部病害主要有根腐病、根癌病等，虫害主要有根结线虫、地老虎、蝼蛄、蛴螬、金针虫等。

（三）根蘖特性

李树根具有较强的根蘖能力，在李树的周围，通常有许多生长出来的小李树，这就是李根的不定芽萌发的根蘖，根蘖所产生的新苗，是李树栽培的重要资源，是李树果园幼苗的重要来源（图 3）。

二、芽

枝、叶、花都是由芽发育而来的，芽是枝、叶和花的原始体，它们首先生长出来的就是芽，芽是处于幼态而未伸展的枝、花或花序。发展成枝的芽称为枝芽，发展成花或花序的芽称为花芽，一个芽同时发育为枝和花的，称为混合芽。

图 3　根蘖

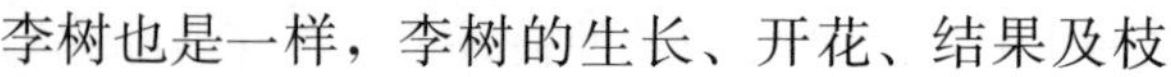

李树也是一样，李树的生长、开花、结果及枝

条抽新，都是由芽发育而成。

李树按部位有顶芽和腋芽之分，按形态有花芽和叶芽之分，按数量有单芽和复芽之分，按地位有主芽和副芽之分。按萌发特性，又分为活动芽和潜伏芽。

（一）顶芽和腋芽

李树枝尖上的芽称为顶芽，叶腋处的芽称为腋芽或侧芽。腋芽源于腋芽原基，腋芽原基产生在叶原基的叶腋处，即叶柄窝内，犹如人体的腋窝，因而称为腋芽。由于腋芽原基比叶原基产生晚，腋芽的产生便在叶之后。叶腋的细胞经过分裂形成突起，形成腋芽，腋芽又产生叶原基，有可能发育为新的叶。

顶芽与腋芽的发育是相互制约的。居于主要地位的是顶芽，顶芽发育正常，主干生长快，这时候的腋芽生长受到抑制，不能发育成新枝，或发育缓慢，这类顶芽占优势，腋芽受抑制的现象称为顶端优势。利用顶端优势，对李树进行合理修剪，适时打顶，抑制顶端，促进腋芽生长激素活性，形成健壮而数量较多的分枝，达到通风透光、花繁果多的目的。

（二）花芽

李幼树经1～2年生长发育后，部分顶芽或腋芽不再发育为枝条，开始转变为花芽。花芽为纯花芽，相对于叶芽看起来肥大饱满，芽内包含的只有花器原始体，芽张口后只能开花结果，不生枝叶，1个花芽可以开出2～4朵花。

（三）叶芽

叶芽看起来较花芽瘦弱，枝条都是叶芽形成的。叶芽生成枝条，枝条又产生叶芽和花芽。同一树体上不同部位的枝条生命力不同，位于树冠外围的枝条生命力旺盛，叶芽饱满。同一枝条上的芽，也存在着差异，即芽的异质性，枝条中部的叶芽饱满，生命力旺盛，枝条顶端的芽发枝力强，底端的发枝力弱。利用这一特性，在选择接穗繁殖李苗时，我们应当选择树冠外围枝条中部的芽进行嫁接，成活率高，成活力强。

（四）节、单芽、复芽、主芽、副芽

枝条上生长叶的部分叫节，两节之间的距离叫节间。同一节上，芽的数目有单芽和复芽，也就是说，同一节上只有1个芽的称为单芽，有2个以上的称为复芽。李树的芽多为复芽，一般都有2～3个芽。复芽又有主芽和副芽之分，李树叶腋上的复芽是并列芽，有3个芽的，居于中间部位的是主芽，常为叶芽，两边副芽多为花芽。有2个芽的，一个是花芽，一个是叶芽。而只有1个芽的，不能确定是花芽还是叶芽。

李树多数品种，在当年枝条的下部大多形成的是单叶芽，在枝条的中部形成的是复芽，在枝条顶端又形成单叶芽。在比较粗壮的枝条上，花芽与叶芽容易并

生为复芽，在较弱的枝条上，花芽则只单生在叶腋间。

（五）活动芽、潜伏芽

根据芽的萌发特性，又有活动芽或潜伏芽（隐芽）之分，活动芽的特点是当年形成，当年发芽或第二年发芽。潜伏芽要经过1年或多年潜伏后才萌发。潜伏芽对于果树的生长更新很重要，潜伏芽着生在新枝的最下部，瘪小，如粟粒，平时潜伏不萌发，潜伏期较长，可维持10～15年之久，在花芽、叶芽或枝条受伤后才能萌发。由于李的潜伏芽寿命较长，有利于树冠更新和延长树龄。

三、枝

李树的枝干和主干一样，主要功能是运输水分、养分，贮藏营养，以维持叶、花、果实的水分和养分。

李树属于多年生落叶小乔木，枝干强壮，树冠开张或半开张，多呈自然开心形或自然圆头形（图4）。李树在幼龄期生长迅速，长势旺盛，一年内新梢生长可达2～3次。一年生枝梢先端在第2年能发出2～3条发育枝，其下部的芽能形成短果枝或花束状果枝。进入结果期和盛果期后，则表现出萌芽力强、成枝力弱、新梢生长量比较小、短枝多、副梢少的特点（图4）。

图4　李树的主干和枝

李枝的分类与其他果树分类一致，分类方法繁多，根据抽生时间、着生位置、延伸方向、形态和作用的不同，而分为若干种类。①根据生长位置不同，有主枝、侧枝、小侧枝之分。②根据性质和作用不同，又分为营养枝和结果枝。③根据枝条的姿势，有直立枝、斜生枝、水平枝、下垂枝之分。④根据枝条之间的位置关系，有逆行枝、重叠枝、并行枝、交叉枝之分。⑤根据枝条在骨干枝上的部位，有背上枝、背后枝、侧生枝之分。⑥根据枝条的年龄、萌发和生长的季节，分为生长枝、结果枝、结果母枝、春梢、秋梢、一年生枝、二年生枝和多年生枝。⑦根据整形修剪的目的和作用，有竞争枝、延长枝、更新枝、预备枝等。⑧根据在树冠结构中的作用，分为骨干枝和辅养枝。⑨根据强弱又分为强旺枝、中庸枝、衰弱枝。另外，由果台上萌发出的枝叫果台枝。

1. 营养枝　营养枝是直立生长的，因而又称为直立枝（图 5），它的特点是当年新梢组织充实、生长壮实、快速、只生叶芽，形态粗壮、营养积累多的优质枝，可当年形成花芽，翌年结果。营养枝能起到扩大树冠、形成新的枝组的作用，但在生长时消耗养分、破坏树形，一般情况下需要对其修剪（图 6）。老树生长的有足够长度的营养枝，可以通过压枝使其弯曲至水平，甚至达到下垂的程度，使其停止生长，然后长出结果枝。

图 5　营养枝

图 6　修剪时保留的部分

果树的营养枝和结果枝需按比例配置，营养枝过多而结果枝不足时影响树体丰产，结果枝过多而营养枝过少时影响树体高产，并导致树势衰弱，出现“大小年”。

2. 结果枝　结果枝是能直接着生花或花序，并开花结果的枝。

结果枝又分为 4 种类型：花束状果枝、短果枝、中果枝、长果枝，在这 4 类果枝中，以花束状果枝最多（图 7）。

（1）结果枝类型的判别。不同类型结果枝的判别是通过枝的长短和结果性能进行的。

①花束状果枝。短于 5 厘米，顶芽为叶芽，其他部位全是花芽。李树结果的

主体是主枝、侧枝上的健壮短果枝和花束状果枝，花束状果枝在进入盛果期的树上是重要的结果部位，90%的产量都来自于花束状果枝，其结果和丰产性能主要体现在两个方面：一是花束状果枝在结果的当年，顶芽虽然延伸成为新的花束状果枝，但延伸长度短，即使经过10余年，长度也只有2厘米左右，因而，李的结果部位外移较慢，在正常的管理条件下不易发生隔年结果的“大小年”现象。二是花束状果枝结果4～5年后，基部的潜伏芽萌发，形成多年生花束状果枝群，结果量增大。

图7 花束状果枝

花束状果枝的质量因所处的节位不同而不同，同一枝条中，以上中部节位形成的花束状果枝健壮且多、花芽饱满，低节位处形成的花束状果枝上的枝、芽瘦小，坐果率低。

②短果枝。长5～10厘米、着生的多数是单花芽。

③中果枝。长10～30厘米、结果后可分生花束状结果枝。

④长果枝。长30厘米以上、能结果、能形成健壮的花束状果枝。

（2）影响结果枝形成的因素。李的主要结果枝因品种而异，树龄和树势对结果枝的构成也有一定的影响。幼树大多抽生的是长果枝，在初果期时则抽生较多的短果枝和少量的中长果枝。当树龄逐渐增加，长、中、短果枝慢慢减少，花束状果枝逐渐增多。

李树在嫁接时，选择的砧木不同，也影响李枝的组成。具有矮化作用的砧木能使中、长果枝减少，花束状果枝增多。

（3）结果枝的转换。当花束状果枝营养不良、长势衰弱时，部分花束状果枝不能形成花芽，转变为叶丛枝，当营养得到改善或受到重剪（短截）的刺激时，部分花束状果枝抽生出较长的新梢，转变为短果枝或中果枝。

中、长果枝虽然看起来发育很充实，节上的复芽也多，开花量也大，但就是容易落花落果，主要原因是因为中长果枝的枝梢先端经常抽生多条旺盛的新梢，养分都消耗在抽生新梢上面了，对所开的花、结的果反而营养供应不足。发枝力强的品种，中长果枝结果后还能抽生新梢，形成新的中短果枝和花束状果枝，成为小型枝组，但结果力不强。

3. 结果母枝、结果枝组 结果母枝是指着生复芽的枝条，复芽萌发后抽生的结果枝为子，它们之间互为母子关系。结果枝组简称枝组，是指分布在各级骨干枝上、在树体中直接承担开花结果的一组枝群，是果树生产的基本单位。

4. 骨干枝、辅养枝 骨干枝是指在树体中起骨架负载作用的粗大枝干，包括主干、中心干、主枝、侧枝等，培养骨干枝是幼树整形的主要任务（图 8）。

图 8 整形后的幼树

辅养枝是指在大型骨干枝上较大空间处起辅养树体作用的多年生枝条，辅养枝在幼树整形期间对骨干枝具有护养作用，在树体成形和结果后则逐步转化为大中型结果枝组。

5. 生长枝 枝条上仅着生叶芽，萌发后只生枝叶不开花不结果称为生长枝。生长枝根据生长状况又可分为普通生长枝（生长中等，组织充实）、徒长枝（生长特别旺盛，长而粗，节间长，不充实）和纤弱枝（生长极弱，叶小枝细）。

6. 中庸枝 居于强旺枝和衰弱枝之间的枝条称为中庸枝。中庸枝一般在外围，与地平线的夹角在 45°以下，粗度适中，既不直立也不太偏斜，挂果率最佳。

7. 背下枝、背上枝 背下枝即与主枝平行生长且处于主枝下方的枝条。背下枝接收到的阳光和营养都少，所结的果实不大。

背上枝也叫背生枝，即与主枝平行生长且处于主枝上方的枝条。枝条经过开张角度后向上方直立生长，通常在夏季要对其进行扭梢或拿枝处理，以促使其发育成结果枝。

四、叶

叶是由叶原基逐步发育而成的，是李树进行光合作用和蒸腾作用的主要场所，是制造有机养料的主要器官。李树上叶片的数量及分布，对李树的枝条、花芽分化和果实发育影响很大，与李树的丰产、稳产及果实的品质有着极其密切的关系。因而，需要促进叶片的正常生长并加以保护。

叶的生长发育与春梢相同。春天，叶片初展时，李花盛开，树体的营养大部分用在花的身上，这时候的叶片生长慢，叶片小而薄，为黄绿色。当花落后，叶片才迅速生长，颜色变为深绿色。

李树的叶片在生长顺序上是呈螺旋状互生排列，叶序一般为 2/5，即在两次循环内着生 5 片叶，而第六片叶与第一片叶在枝条上处于同一方位。对于这一知识点的理解，可以帮助我们在整形修枝中提供方位依据（图 9）。

图 9　螺旋状互生排列的李树叶

叶片停止生长的时期因枝条类型的不同而不同，花束状果枝在 5 月上旬至 6 月上旬封顶，这时候叶片便停止了生长。短果枝的封顶时间晚于花束状果枝。当年的发育枝的叶片停止生长期较晚，盛果期叶片在 8 月末停止生长，幼树的叶片在 9 月才会停止生长。

停止生长的叶片，细胞内积累了大量的无机盐，引起叶细胞功能衰退，在自身体内的内源植物激素脱落酸的作用下而落叶。落叶不是坏现象，而是李树在寒冷的冬季的自我保护，是避免过度蒸腾的一种适应性保护。

五、花

果树要开花结果，必须先形成花芽，花芽形成花朵。花芽的多少和质量对李树的产量和质量都很重要。李花白色，较小，由花梗、花托、花萼、花冠、雄蕊、雌蕊组成。花是植物的生殖器官，李花为两性花，即一朵花内同时具有雌蕊和雄蕊，雌蕊的位置比其他各部分高，属子房上位花。

李的多数品种为完全花，完全花是指发育健全的花，有健全的雄蕊和雌蕊。由于品种的不同以及外界环境影响，如营养不良、花期受冻、遗传等因素的影响，常产生不完全花，表现为雌蕊瘦弱、短小，或畸形，或花粉败育等。

欧洲李品种有自花授粉和异花授粉2个类别。大多数中国李、美洲李属自花不亲和性果树，需要异花授粉，即同一李树品种的花不能授粉，需要另一具有亲和性的李树品种的花授粉，才能保证受精结果。少量的李树具有自花授粉能力，如金吉李、巫山脆李。

李花的受精过程一般需要2天，如遇低温或阴雨等不良天气，则需要延长。影响授粉受精的因素主要是树体自身的营养状况和开花时期的气候，特别是气候条件，如雨水多容易冲掉花的柱头（雌蕊的顶端，接受花粉的部位）上的分泌液，或引起花粉粒（雄性配子）破裂；干旱天气空气过于干燥，相对湿度低于20%时，柱头干缩，柱头上的分泌液枯竭，花粉发芽率降低，果实少；受低温的影响，昆虫的活动少，影响授粉，低温也会导致花粉粒发芽慢，花粉管生长更慢，直至败育。中国李在0～6℃花粉就可发芽，在9～13℃时为最佳发芽时期，欧洲李花粉则在15℃时需要5天时间发芽。明白这些基本因素后，在实际生产过程中，我们可以避开不利因素，创造有利因素来提高产量。

六、果实

李果俗称李子，外形有扁圆形、椭圆形、长圆形、圆球形、梨形、心形等。果顶微凸、平、微凹等。缝合线有深、浅、明显或不明显之分，片肉有对称或不对称两种。果皮底色有黄、绿、橙黄、蓝色等，着色有鲜红、紫红、暗紫、蓝、黑色等，有厚、薄之分，过熟后可剥皮。果核扁平，无核翼，少数有沟或网纹，离核、半离核或黏核。完全成熟的果实整齐饱满，果肉中的酸和干物质逐渐减少，糖的含量逐渐增加。成熟后的果梗产生离层，一触即落。

李树苗木定植后，在第二年就可以开花，第三年就可以挂果，到第四年进入盛果期，在巫山脆李种植户中有一种说法“桃三李四”，意思是桃子栽种三年后进入盛果期，李子要栽种四年后才能进入盛果期。

李果的生长发育是花的雌蕊受精以后，胚珠发育成为种子（核），子房壁或其他部分发育成果实(果皮和果肉)。李果皮无毛，但有银灰果粉，俗称果霜(图10)。

图10 果霜

第二节 李的物候期

李的物候期是指李的休眠期和生长期与季节性气候相吻合的时期，分为休眠期和生长期两个阶段。生长期又分为花芽分化期、萌芽开花期、枝梢生长期、果实膨大硬核期、果实成熟期。

一、休眠期

休眠是植物越冬的一种自我保护功能，影响李树休眠的两个重要因素是日照长度和温度，李树的休眠期一般为 11 月下旬至翌年 2 月上旬，这期间的日照时间变短，气温下降，李树生长发育停滞，花芽分化结束，雌蕊原基形成，开始落叶。落叶是李树生长期结束进入休眠状态的重要标志。树体虽然在休眠，但作为生命体的树体内部，仍然在进行着微弱的呼吸、蒸腾、吸收、合成等功能。

二、生长期

（一）花芽分化期

1. 花芽分化及发育规律

花芽分化的实质就是花芽的形成过程，即营养生长向生殖生长转变的过程。李树通过 1～2 年的营养生长，光照、温度等因素得以满足或激素的诱导作用下，进入生殖阶段，枝端的分生组织，有一部分不再形成叶原基和腋芽原基，而是形成花原基或花序原基，产生花芽，这个由营养生长向生殖生长转变的过程是李树发育过程中的一个极为复杂的生理生化过程，一般在 6～12 月，盛期在 7～9 月。

花芽开始分化的时期因不同的品种、立地条件和年份而不同。如在温度较高、日照较长、降水较少的气候条件下，花芽分化将提前。

当新梢顶芽形成后，花芽开始分化，时间在 6～7 月，此时果子还在生长，这种重叠时期 10～20 天，花芽分化、果实生长都需要营养物质，注意水肥的管理，增施粪肥。进行叶面施肥、果树整形、开张枝条角度。

李花芽分化分为未分化期、开始分化期、萼片分化期、花瓣分化期、雄蕊分化期和雌蕊分化期等 6 个时期。花芽分化后，在 6 月底至 8 月初形成花蕾，李在同一花芽内有 1～5 个生长点，可分化出 1～5 个花蕾；7 月下旬至 8 月中旬形成萼片；8 月形成花瓣；8 月中旬至 9 月初形成雌蕊；8 月下旬至 9 月上旬形成雄蕊；翌年春季形成胚珠、胚囊、花粉粒。

李花在雄蕊的花药里生成花粉粒，在雌蕊子房的胚珠内形成胚囊，花粉粒产生精子，胚囊产生卵细胞，通过授粉受精，一个精子和卵细胞融合，成为合子，合子发育成种子的胚，另一个精子和2个极核结合，发育成种子的胚乳，花的子房发育为果实，胚珠发育为种子，种子中的胚又是新生一代的雏体。

了解花芽分化及雄雌蕊发育规律，对于了解李的不同品种的成花机制，能为制订合理、有效的栽培管理措施提供理论依据。为了保证丰产、优质，在花芽分化的全过程中，应加强树体管理和土壤管理，若在花芽发育期间肥水供应不足或因病虫害等使叶片大量脱落，将会导致花芽发育不良，翌年减产甚至绝收，若施入氮肥过多，枝梢生长过旺，也会影响花芽分化而造成减产。因而，我们必须知道花芽的分化时期并进行有效管理。

2. 花芽分化的特点

（1）花芽分化与枝条类型、芽位和营养条件有关。李的果枝类型分为长果枝、中果枝、短果枝和花束状果枝。花束状果枝和短果枝上的花芽，进入分化期早；中、长果枝因为生长旺盛，停止生长晚，所以具有进入花芽分化期晚，分化不整齐，后期分化速度快等特点。但是这些果枝上的花芽，在落叶前均能发育到雌蕊分化期。长势相同的枝条，随枝条的发生顺序进行分化，即早抽生的枝条，花芽分化较早。同一枝条上，不同位置的花芽，一般是中部的芽先分化，然后其上部和下部的芽依次分化。

（2）雄蕊和雌蕊开始出现的时间相隔很短，雄蕊早于雌蕊出现，一般相差10～20天。有的品种几乎同时出现。各品种的性器官出现时间的迟早，与开始分化时间的迟早成正比例关系，即开始分化早的品种，性器官出现也早。

（3）花芽分化具有阶段性。不论当年花芽分化开始时间的早晚，到当年秋季均可分化到雌蕊形成期。至于胚珠、胚囊和花粉粒的形成，则在翌年春季，直到花朵即将开放为止。

栽培管理上，应根据李树花芽分化的时期和特点，综合运用各种技术措施，确保花芽分化良好，实现高产和稳产。

3. 影响花芽分化的因素

一是良好的枝叶生长是花芽分化的基础，新梢适时停长，这是形成优质花芽的要素。

二是营养对花芽分化有明显的影响，特别是光合营养，即碳素营养与氮素营养的比值与花芽分化关系密切。光照不足、叶片受害不正常脱落、氮肥施入过多、修剪过重、树体生长旺盛等因素，都能影响花芽的形成，使其不能形成花芽。树体氮素不足，生长过弱，这种情况下能够形成花芽，但结果不良。由此可以证明，当碳氮（碳素养分和氮素养分）比例适当时，花芽形成量才大。增施磷、钾肥，也能促进花芽的分化。

三是外界环境如光照、温度、水分等，也是影响花芽分化的重要因素。充足的阳光有利于光合营养的积累，能促进花芽的分化。阴雨、低温天气，不利于花芽的形成。土壤水分多，对树势的缓和及光合营养积累不利，容易导致细胞浓度降低，适度的干旱反而能促进花芽的形成。

（二）萌芽期

萌芽期是李树由休眠转入生长的标志，促使李树休眠结束的因素是气温，当日平均气温≥5℃、土温在8℃左右时，再经过10～15天的萌动，芽膨大继而开放，见到花蕾顶端时，花蕾显现，继而开花。从花芽形成到开花之间的过程，就是萌芽期，萌芽期的日照时间加长、温度升高，两者对花芽的发育起着重要作用，这段时间一般是2月中旬至3月下旬。

（三）开花期

花芽通过萌芽期的发育，花的各部分器官发育成熟时，花朵开始绽放，雄蕊、雌蕊破开花被暴露出来，直至完成传粉、受精，继而花朵凋谢，这一时期是开花期（图11）。李开花适宜的温度在日平均9～13℃期间，花期7～10天，单花的寿命在5天左右。

图11　开花期的李树

开花的起始时间与所处的地理位置关系密切，纬度向北推进1°（110千米），开花的起始时间延迟4～6天，海拔升高100米，起始开花时间延迟3～4天，北坡与南坡相比，北坡要迟开3～5天。梅、杏开花后，就是中国李的开花时间，欧洲李品系则相对中国李品系晚开7～10天。

李的开花期分为5个阶段。①始花期：此时树体上5%的花开放。②盛花期：此时树体上25%以上的花开放。③盛花末期：此时树体上95%的花开放。④终花期：此时树体上的花全部开放并有部分开始脱落。⑤落花期：此时树体上的花大量脱落，直至落尽。

（四）枝梢生长期

枝梢的生长，在一年之内是有节奏的。春天发芽后，一般在4月上旬至5月中旬，新梢开始生长，此时气温较低，还没有展叶，新梢消耗的养分是前一年树体内贮存的养分，生长速度很慢，表现为节间短、叶片小。当气温上升后，根系开始生长，叶片也大量制造养分了，这时候的新梢加快了生长速度，节间变长，叶片变大，叶腋内的芽发育得充实饱满起来。新梢的生长和发育是需要水分和养分的，新梢生长阶段，如遇干旱，水分不足，枝条停止生长，影响生长与结果，如遇连阴雨，水分过多，枝条徒长，不能按期停止生长，不利于花芽分化，越冬期易受冻害。正常情况下，新梢生长到6月末、7月初，新梢的生长开始变得缓慢，部分停止生长，这期间生长的梢称为春梢。春梢停止了生长也没有闲着，这时候的新梢长而粗，开始积累养分，花芽分化加快。此后，在落叶前，在充足的水分和养分供应中，新梢又开始生长，这时候生长的这段新梢称为秋梢。春梢健壮充实，秋梢组织疏松，易受冻害。

（五）果实膨大期、硬核期、成熟期

果实膨大、硬核期是壮果壮梢时期，一般是在5月下旬至7月上旬，李果在生长发育过程中有2个速长期，两个速长期之间有一个缓慢的生长期。即李果的生长发育有3个时期：发育初期（速长期）、硬核期（缓长期）、成熟期（速长期）。

发育初期即第一速长期，也是幼果膨大期，这一过程是从授粉、子房膨大到硬核期间，体积、重量迅速增长，果实增长速度快（图12）。

图12　果实膨大期的巫山脆李

硬核期，果实增长速度急剧下降，只有缓慢或无明显增长，主要是种子在生长发育，种胚迅速生长，核层由乳白色渐渐变成褐色，种仁由透明水晶状变成乳白色的子叶（叶性器官），内果皮从先端逐渐硬化形成果核，质地坚硬。硬核期的肥水将直接影响当年果实的大小和品质，影响到翌年的花芽分化，因而这期间要保证肥水供应充分。

成熟期即第二速长期，一般是在盛花后第72～99天，这一时期果肉出现增

重最高峰，生长加快，果实增大直到成熟。此时雨水过多，有些品种容易出现裂果，略微欠水，能使果实风味更佳。

果实成熟期根据李品种的发育时间长短不同而有差异，分早、中、晚熟品种，成熟时间一般都集中在6月中旬至8月中旬，早熟品种发育时间短，晚熟品种发育时间长。同一品种受海拔高度的影响，成熟时间也不相同，海拔稍高地区开花迟，果子成熟时间则相对海拔稍低地区晚，如巫山脆李在海拔200米左右的地带，成熟时间在6月中旬，在海拔900米左右地带成熟期在7月下旬，而晚熟脆红李在海拔1 100米地带的成熟时间在8月下旬至9月初。

第三节 环境因素对李的影响

一、土壤

李树对土壤的适应性较强，耐瘠薄，如北方的黑钙土、南方的红壤土、西北的黄土，李树都能生长，只要土层有李树生长适当的深度、一定的肥力，就可以栽培。李树的根系在地温为18～20℃时最适宜生长，沙壤中的李树根系较深，须根较多。黏性土壤中的李树根系较浅，多分布在上层土中。

了解土壤的酸碱度至关重要，土壤的酸碱度直接影响李树根系对氮肥的吸收，酸性土壤能促进硝态氮（硝酸盐中所含有的氮元素）的吸收，中性或碱性土壤能促进氨态氮的吸收。

氮元素能使作物生长加快，延长作物生长期和采收期。作物缺氮，果实发育不良，畸形果较多。硝态氮用于农业补充氮元素，具有易溶于水、易吸潮的特性，因此许多水溶性肥料中含有硝态氮，主要有硝酸钾、硝酸铵、硝酸钠钙、硝酸钙等硝酸类化工原料，这些化工原料制作的肥料对农作物的生长起着至关重要的作用，硝态氮在树体内还原成铵态氮后才能被吸收利用。

铵态氮是由微生物分解土壤中含有动植物遗骸和排泄物的蛋白质与尿酸、尿素等产生的氮源。铵态氮可直接与光合作用的产物有机酸结合，形成氨基酸，进而形成其他含氮有机物。

李树对土壤的要求，一般来讲，要求土层厚、疏松肥沃、保水排水良好、富含矿物质元素的黏质土壤为好。根系在质地疏松的微酸（pH 5.5～6.5）土壤中生长良好，细根多、树体健壮，在浅薄、底层板结土壤中根系浅而弱，树势容易早衰，导致产量低、果型小、品质差。在瘠薄的土壤中栽培李树时，需要深翻土地、增施有机肥来培养发达的根系，达到优质丰产的目的。

土壤有调节水分的功能，通过生草、深翻、增施有机肥、覆草等手段，可以增加土壤中的有机质含量，增加土壤的团粒结构，提高土壤的保水、保肥能力和自动调节能力。土壤团粒结构含量高，土壤的结构性就好，团粒相当于水库，只要有自然降水，能将水保持在团粒中，以备干旱所用。而团粒之间则是输水的通道，降雨过多时能将多余的水通过输水通道排除，这个通道除了输水外，还有空气库的作用，不输水时，使土壤通气。

对土壤的适应性因李的种类和品种不同而不同。中国李对土壤的适应性强于欧洲李、美国李；中国李及中国李与美洲李的杂交种不惧土壤瘠薄，在这种土质上栽培，李的产量较高；美洲李对沙质土或黏质土有较强的适应力，要求土壤疏松、排水良好；欧洲李更适应肥沃的黏质土。用毛桃砧嫁接的李树，要注意排水通气，土壤积水易导致根群死亡或诱发流胶病，梅雨季节易诱发黑星病和黑斑病。

二、温度

李树对温度的适应程度因品种不同而不同。如北方的中国李品系红干核、窑门李、黄干核等，在休眠期内可耐－40～－35℃，生长在南方的槜李、芙蓉李等，则相对要差一些，在－15℃以下就会发生冻害。

李树开花期的适宜温度是9～13℃，在开花期和幼果期对低温很敏感，具体表现为花蕾期的有害低温在－5℃，冻害临界温度为－1.1℃；开花期有害低温在－2.7℃，临界温度为0.6℃；幼果期有害低温在－1.1℃，临界温度为0.6℃。李开花气温都在0℃以上是丰年，0℃以下气温1天是平年，0℃以下2天没有产量。

三、湿度

李的根系分布较浅，抗旱性能一般，对土壤中的水分敏感，过多和过少都会产生反应，土壤含水量在田间最大持水量的60％～80％时，根系能正常生长。土壤含水量和持水量是两个不同的概念，土壤含水量的值可随时测定，田间持水量是土壤水分饱和后排除自由水的含水量，又称田间最大持水量，是在特定条件下测定的。持水量和含水量都是绝对值。一般认为土壤含水量达到田间持水量的70％～80％时适合果树生长发育的需要，在生产实践中，多数情况下取70％低限为相对值。含水量低于60％时，应当考虑灌溉。

新梢旺盛生长、果实膨大期，需水量最多。花期干旱、空气湿度小、低温阴雨天气会影响授粉受精，坐果率明显降低。花芽分化期和休眠期适度干燥有利于分化和休眠。果实成熟期多雨，会延迟果实的成熟期，容易诱发黑斑病，产生裂果。

李树对空气湿度要求不要过于干燥，过干会加强蒸腾作用，当损失正常含水量的50%以上时，枝条就会干枯。为保持土壤中的水分，可以就地取材，将田间的秸秆、野草和枯枝落叶埋在土壤中，增加土壤的有机物含量，提高土壤的持水量；还可以施用草炭或以草炭为主的有机复合肥。据测量，草炭的持水量在50%以上。

四、光照

李树是喜光植物，光照充足时，树势强健、枝繁叶茂，花芽分化好，产量增加，果实着色好、品质好，含糖量增加。光照不足时，枝梢细弱，花少果稀。

李要获得高产，必须合理密植，进行修剪，增加光照。外围枝梢过密时，树冠内部通风透光不良，易使内膛和下部枝梢生长细弱而降低结实能力，这时结果部位主要在树冠上方和外围，需要修剪去掉一部分过密枝，打开光路，使内膛有一定的光照条件，不让结果部位大量外移。当光照过强时，果实和枝干容易受到日灼危害。

五、风

风能帮助李花授粉、改善空气温度和湿度、补充叶围的二氧化碳加强光合作用。但是强风使树体产生偏冠、主枝弯曲甚至折断、落果、叶片破损，冬季的西北风使树体产生冻害。为防止风的危害，在果园周围可以营造防风林带。作为防风林带的树木要求高大、叶多、常绿。

第二章
高品质李的栽培

2017 年 6 月，国家林业局发布了《李栽培技术规程》行业标准，并在同年的 9 月 1 日开始实施。该规程规定了李的栽培范围、产地环境、果园建立规范、栽培管理、病虫害防治、果实采收等内容，提供了李主要优良品种简介、主要栽培地区的适宜优良品种、主要栽培品种的适宜授粉品种、苗木分级、李病虫害综合防治等资料，为我们规范性、高品质栽培李提供了技术支撑。本章根据该规程，结合生产实践进行介绍。

第一节　李的种苗繁育

李的种苗繁育技术有实生（种子繁育）、分株、扦插、嫁接 4 种方式，为适应优质良种优质生产的需要，现在大多采用嫁接的方式。

一、实生

实生是采用种子繁育的方法进行。通过种子播种所获得的实生苗，既有优点，也有缺点。优点是生长旺盛、根系发达、寿命长。缺点是容易在后代中产生变异，进入结果期晚。

从缺点来看，它会影响到经济效益。但我们将它用作杂交育种和砧木培育，是很有效的。杂交育种对于普通果农来说有难度，但作为砧木培育，用于嫁接，是我们自己都可以做到的。

实生本砧的培育有一定的难度，但只要把握得好，还是能够实现的。实生砧技术的把握，主要在种核休眠的处理。一般在 12 月中下旬后的初冬，在结冻前用冷水浸泡种核 2～3 天，种核浸泡时，可加杀菌剂杀菌，之后捞出种核，将其装在编织袋中封口平放，层层堆码在室外背阴处或者 1～7℃的冷库中，放在室外的不加遮盖，在自然低温中冷冻，不能在太暖和的地带堆码，太暖和的地带达不到休眠的要求。码在上层的编织袋易失水，失水干燥时应洒水保持湿润。待翌年春季，在 3 月下旬，种子通过了 90～100 天的休眠期，种核开口萌发时播种。

二、分株

李树的水平根上容易形成不定芽，这些不定芽通过萌芽抽梢，形成一根根的根蘖苗，将这些根蘖苗从母株上分离出来，作为独立的小苗进行移栽，培育成大苗。根蘖苗量大的，可以建立专门的苗圃，按 25 厘米×30 厘米的密度移栽，待长成大苗后移栽至果园内或出售。

在巫山脆李栽植区内，很多老百姓都是利用这种方法，逐年扩大果园栽培面积。巫山脆李的根蘖力相当强，在树龄较大的李树周围，每年有很多根蘖苗出土，他们利用这些根蘖苗作砧木，在自己的园中选择个大、口味纯、抗病力强的树作穗条，进行嫁接，不断更新老树。

三、扦插

扦插育苗通过科学的方法，成活率可达 90%，移植成活率≥80%，全过程约需 40 天。

夏季（6 月）扦插，选用进入盛果期（4 年或 4 年以上生）的李树作为母树，选取母树上当年生、外围生长健壮、无病虫害的带叶嫩枝条作为插穗，剪成10～20 厘米长度，在上部保留 2～3 枚叶片，穗条要求达到半木质化（坚硬）。将穗条每 50 或 100 根捆扎成一把，将基部约 2 厘米长的部分在 ABT 生根粉 1 号（ABT 生根粉 1 号主要适用于植物扦插繁殖的插穗处理，特别是难生根的植物扦插育苗，诱导形成不定根，促进根系发达，提高扦插成活率）溶液中浸泡0. 5～1小时，浓度为 0.005%～0.01%；或者在浓度为 0.025%的萘乙酸（萘乙酸具有促进细胞分裂与扩大，诱导形成不定根，增加坐果，防止落果，改变雌、雄花比率等作用。萘乙酸可经叶片、树枝的嫩表皮、种子进入到植物体内，随同营养流输导到作用部位，是一种良好的植物生长刺激素）溶液中浸泡 0. 5～1 小时。

早春季扦插时，可选用直径在 0.7 厘米左右的、还未萌动的上年枝。

扦插繁殖需要建立专门的大棚和苗床。大棚规格大小，按照 250 株/米^2 左右计算。棚内的温度保持 20 ～28℃，相对湿度 70%～80%，有自然光照射，以促进穗条的光合作用。苗床建在棚内，以细河沙为土壤，河沙厚度在 20 厘米。扦插前，先将苗床灭菌消毒，方法是在沙床表面喷药，喷药量以湿润沙床表面为度。灭菌消毒的药水有高锰酸钾溶液（0.5%）、多菌灵（50%）、甲基硫菌灵（70%）或代森锰锌（500 倍液）。

扦插时，用刀将插穗基部削为坡面，用小木棍在沙床上打孔，再将穗条插入孔内，插入的深度为5～8厘米，株距为6～8厘米。扦插后立即浇水，将大棚关闭保湿。

一般扦插后7天开始愈伤修复，15天后开始发根。当根的数量达10根以上，根的长度在5厘米以上时，可以移栽。

四、嫁接

嫁接是李的人工繁殖最重要、最普遍的手段之一，嫁接分为枝接和芽接，休眠期采用枝接，生长期采用芽接。

（一）砧木的选择

砧木是用来嫁接承受穗条的原生树。砧木可以是整株树，也可以是树体的根段或枝段，砧木是果树嫁接苗的基础，起着固定、支撑接穗并与接穗愈合后形成植株的作用。

可用于中国李砧木的资源有李（本砧）、毛桃、榆叶梅、山桃、山杏。在各种砧木中，李的本砧成活率最高，经济效益最优、亲和力最强、寿命最长、抗旱、耐寒、愈合完全。

现在的中国李苗木圃大多是采用的桃砧嫁接，根据巫山种植户多年的实践经验，桃砧的缺点很多，一是从果品来看，与巫山本地实生砧嫁接所结的果实对比，略显皮厚，酸味略重。二是从抗病力上看，桃砧容易感染病虫害，寿命短。三是不抗风力和野猪危害，由于嫁接部位不完全愈合，形成大脖子，遇狂风时，容易折断；由于野猪受法律保护，李树结果后，野猪常常危害李树，爬扑树干时，桃砧连接处也容易折断。

通过农民多年的实践和栽培经验，李的最佳砧木是本砧，采用本地自然实生李为李的砧木，是最佳选择。

（二）接穗

嫁接到砧木上的枝或芽，称为接穗。选择接穗时，应注意选择健壮、无病虫害、口感好、个大的李树作为接穗母株，母株确定后，还要在母株上做出选择，选择上部阳面、长势好、节间较短、新鲜充实的幼龄枝的中部饱满的枝芽做接穗（图13）。

图13　花蕾期嫁接剪穗

嫁接时期不同，接穗剪取的时期也不同。

在生长期嫁接时，接穗要随采随用，选择当年生的旺盛发育枝，这样的枝条，芽饱满、无病虫害。枝条剪下后，立即剪掉它的叶片，只留一小段叶柄，用湿布包好后放入塑料口袋中备用。

休眠期嫁接时（休眠期嫁接是指在冬季或早春嫁接，冬季是指树体的休眠期，早春是指树液刚开始流动时期，两个时期统称为休眠期嫁接），接穗的剪取时间是在晚秋，李树生育停止后至早春之间，这时剪取母株树冠外围的当年生长果枝，避免徒长枝，枝条的粗细与砧木的粗细基本一致。休眠期嫁接的穗枝，一般是在冬季剪枝时，将这些枝条按照品种，以 50 或 100 枝的数量进行捆扎贮藏，贮藏地点既可以是室内，也可以是室外。在室内贮藏时，为使其不失水，可在地面铺一层湿细沙，将枝条的大部分埋在细沙里，上部露在沙面以上。当湿沙表面发白时，表明细沙的水分不足，需要洒水保持湿度；为了保证枝条的休眠，贮藏的温度要≤0℃，还要有适当的通气。在室外贮藏，选择深沟，用湿沙或疏松潮湿的土壤，将穗枝的 2/3 埋藏，埋藏完时，不可立即灌水，因为这时的湿度合适，能保持正常需要，只有当水分失去后才可。

数量较少时，可用冷藏的方法贮藏，如冰箱、冰柜等。

（三）嫁接

嫁接的方法有芽接和枝接两种。

1. 芽接 芽接是剥取枝上的一个健壮芽进行嫁接的方式（图 14）。芽接在生长期进行。芽接的时间有两个，一是在李树枝条上的芽形成后，根据各地的海拔高度和气温不同，芽的形成起始时间也不同，一般在 3 月中旬至 5 月中旬叶片生长完全。二是在 8 月下旬至 10 月上旬，这个时期的新芽还处于发育阶段，旧叶还在枝上，这时候嫁接的，才能保证翌年有成苗出圃。

图 14 芽接

（1）“T”*形芽接法*。方法是在砧木表皮距地 5～15 厘米的光滑茎上，横切一刀破口，再在横切的中部竖切一刀，整个破口如“T”，因而称为“T”形芽接法。时间一般在 3 月中旬芽形成后至 5 月中旬，这段时间内，芽的形状有两种状态，一是在开花发叶前的芽，芽处于发育成熟尚未破口时期，二是开花发叶后的芽，带有叶片、叶柄。

削取接穗的方法：从选中的穗枝的中部，削切一枚芽节进行嫁接，削切时，在芽节的上部 1 厘米处横切一刀，至木质部为止；在叶节下部 1 厘米处深切一刀至木质部时，刀口顺势转向上部，上削至上部切口处，取下带皮芽穗。如果有叶片和叶柄，剪去叶片，保留1厘米的叶柄。

用嫁接刀的尖部，拨开“T”形切口两边的皮，将芽穗插入，然后用厚0.06厘米、宽1～1.5厘米、长30厘米的聚乙烯薄膜条，由下而上，一圈压一圈地把伤口全部包严，将芽片四周捆扎紧密，只露出芽和叶柄。

（2）嵌芽接。嵌芽接法与“T”形芽接法相比，只是在切取接口的形状上有不同。嵌芽接切取的接口也是在砧木距地5～15厘米的光滑茎上横切一刀，不取刀，刀锋下转，向下切削，切削长度比接穗略长，取出刀，在下部预留0.3～0.5厘米处横切，去掉切皮，然后将穗芽插入，用聚乙烯薄膜条捆扎。取穗方法与芽接法相同。嫁接时间在8月下旬至10月下旬。

芽接7天后要检查成活情况，检查的方法是观察芽接部位，如果叶柄一碰就落，芽片皮色鲜绿，说明嫁接成活。如果叶柄触碰不落，芽片干枯或变褐色，说明没有接活，需要补接。“T”形芽接的苗，当年成苗出圃，在成活15天后要及时解缚，解除捆扎的聚乙烯薄膜。嵌芽嫁接的苗，因在8月下旬以后，当年不萌芽或生长量不大，可在翌年开春萌芽后解缚。

芽接后的管理：3月中旬至5月中旬的芽接苗要进行两次剪砧，第1次是在成活10天后，在距接芽3～5厘米处剪砧。第2次剪砧是在接芽萌发后，抽生到一定长度，本身有充分的叶片提供光合作用后进行，剪的部位在接口以上，接口以上的砧木全部剪除，剪砧时要求剪口平整。秋季（8月上旬至10月上旬）嫁接的嵌芽苗应在第2年春芽萌发后剪砧，将嫁接芽以上的砧木全部剪除，对于余下砧木上的芽，除嫁接芽外要全部抹除。

芽苗长到5厘米左右时，要进行锄草松土，保持苗地疏松透气，并及时施肥，将尿素或复合肥按10千克/亩撒施在苗地的行距中间，然后适当浇水。一个月后再施1次。

当新生副梢长至20厘米时要摘心，发育枝长至60～80厘米时摘心。枝条过多，可以疏去一些。枝条不密，不疏枝但要对其生长进行控制。上半年嫁接的接芽长至70～100厘米时要全部摘心，停止浇水，促进苗木加粗生长，逐渐老熟，增强越冬能力。

下半年进行的接芽当年不萌芽，至翌年3月下旬接芽萌芽后，在接芽上部1厘米处剪砧。管理与上半年嫁接芽相同。

2. 枝接　枝接即截取枝的一段进行嫁接。主要用在休眠期的嫁接，在砧木落叶时到翌年早春芽萌动前，时间大约是10月下旬至翌年3月初，以10月下旬这段时间的秋接为最佳时期，成活率高。枝接的优点是成活率高，生长快。缺点是要求砧木较粗时才能嫁接。

枝接的方法分切接和腹接，切接为主，腹接为辅。腹接只是在树冠更新枝条和补充缺枝时采用此法。嫁接时，砧木的枝干并不切断，而在适当部位斜切一刀，将下部削成楔形的接穗插入并缚紧。

切接时，将距地表 5 厘米以上的砧木枝条剪去，要求剪口平整。将剪口平面按三等分划分，在 1/3 处向下切，切入的深度稍小于 3 厘米。接穗的粗度应小于或等于砧木的粗度，剪取穗条的中部有 2～3 个饱满芽的部分，长 6～8 厘米。将这段穗条的下端两面斜切，其中一个大斜切面长 3 厘米，这个大斜切面与顶芽同侧，相对的另一个小斜面长约 1 厘米，削成马蹄形。嫁接时，将大斜面向内，小斜面向外插入切口，砧木与接穗的切面对齐贴紧，然后用薄膜条捆扎。捆扎时由下向上，从砧木切入的最低点开始，环绕砧木一层一层地紧密向上缠绕，绕至砧木切面时，将薄膜铺平覆盖住切面，然后在砧木上绕两圈，再覆盖住接穗顶部断面，最后回到砧木上扎紧。

第二节　建园栽植

一、产地环境条件

李应栽培在海拔 4 000 米以下、生长季≥10℃的年积温为2 500～7 000℃、全年无霜期应在 120 天以上、年降水量 300～800 毫米、年日照时数≥2 400 小时、适宜土壤 pH 4.7～8.5、常年地下水位在 1.5 米以下、非核果类迹地的地方。

二、果园的规划设计

合理的规划设计，是建立一个好果园的基础。果园规划设计包括防护林、道路、排灌系统、小区、品种配置、房屋及附属设施，在建园前合理规划并绘制出平面图。

1. 防护林　防护林的作用很大。能防风，使风速降低 30%；能提高春秋季平均温度 0.5～1.6℃，防止春秋冻害、春季物候期提早 2～5 天；能保持水土，促进果实的生长发育。

防风林带由主、副林带交织构成，在果园内交互组成棋盘式网格。主林带布局应以主要有害风的方向垂直走向，抵挡主要风害的侵蚀，交角≥45°。副林带的走向与主林带垂直，防护来自其他方向的风的侵蚀。

防护林带分为不透风林带和透风林带。不透风林带由高大的乔木和矮小的灌木构成，形成上下都密不透风的防护林。透风林带由枝叶稀疏的树种组成，或只有乔木树种，这种防护林的效果好于不透风林带。

防护林带树种的选择应当与经济效益挂钩，树种的选择原则是适合当地生长、防风效果好、与果树没有共同病虫害的速生林种，由主树种、辅树种和灌木组成。

2. 道路　道路是果园设施中的重要系统，主要用于果园运输、作业时车辆和人的通行等（图 15）。

图 15　果园道路

在大中型果园中，道路的设计按照主路、支路和小路 3 个级别进行。主路的宽度为 4～8 米，作为车辆通道，一般布置在各大作业区之间，贯穿全园；支路宽度为 3 米左右，与主路相接，一般布置在大作业区内的作业小区之间；小路宽度为 1 米左右，与支路相接，用于人的行走。

小型果园为减少非生产性占地，可以只设小路，用于行走即可。

3. 排灌系统　排灌系统是果园两大基础设施之一，土壤随气候变化时干时湿，湿的时候，土壤内的空气少，根系活动减弱；稍干的时候，土壤空气增加，根系的活动加强。这既是根系发育的规律，也是树体在土壤水气动态平衡的影响下全面发育的要求。持续干旱会导致树体缺水，持续含水量过大根系受影响，导致缺氧，出现生理干旱。因而，要保证在不同的地形、地势、土壤和天气条件下，所导致的土壤含水量的变化适宜生长，必须通过排水和灌水进行调节。

（1）排水系统。排水系统是防止果园内积水、拦截山洪所用，一般是由深浅不一的沟渠组成。其目的是让雨后田内、沟内的积水通过沟渠排出园外，防止果园积水。

（2）灌溉系统。灌溉系统有沟灌、喷灌、滴灌，推广使用水肥一体化灌溉技术。

①沟灌。沟灌的优点是简单易行、投资小，是使用最广泛的一种灌水方法。缺点是用水量大、易使土壤板结、占用人力多。开沟深度和宽度都为 20 厘米，开沟位置在树盘的外围，这里是细根和吸收根集中分布的区域，如株行距为 4 米，则开沟位置在 1.5 米以外，灌溉面积约 7 $米^2$。

②喷灌。机械化灌溉系统之一，用输水管将水送入田间，利用旋转喷头把管道输送的水喷洒在树体和地面上，水滴经树叶落到土壤上面，缓慢湿润土壤。这种方法不破坏土壤结构，并且节约水，但成本高，不适合多风地区。

③滴灌。机械化灌溉系统之一，用输水管将水送入田间，以果树为中心，在树冠冠径的 1/3～2/3 处布设“S”形毛管，利用滴头滴水进行灌溉。

④水肥一体化灌溉技术。水肥一体化灌溉技术是将肥料与灌溉水融为一体，借助压力系统（或地形的自然落差），按土壤养分含量和果树的不同发育期的需肥规律和特点，将可溶性固体或液体肥料与灌溉水一起，通过灌溉系统均匀、定时、定量地供给水肥，以满足果树的需求（图 16，图 17）。

水肥一体化灌溉技术是设施化的现代农业生产方式，是对传统的施肥、灌溉方式的转化。具有省水省肥、省工省力、促进果树生长、提升果实品质、降低投入、增加产出的优点。已经普遍采用的水肥一体化灌溉方法主要有重力自压式施肥法、泵吸施肥法、智能化肥水管理系统。

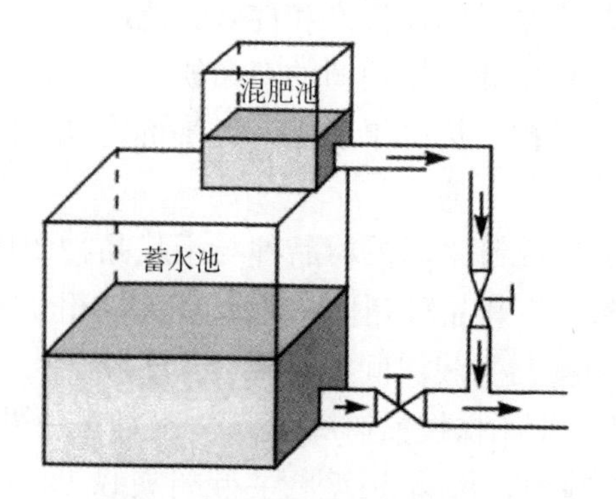

图 16　重力自压式施肥法
（张加延《中国果树科学与实践　李》）

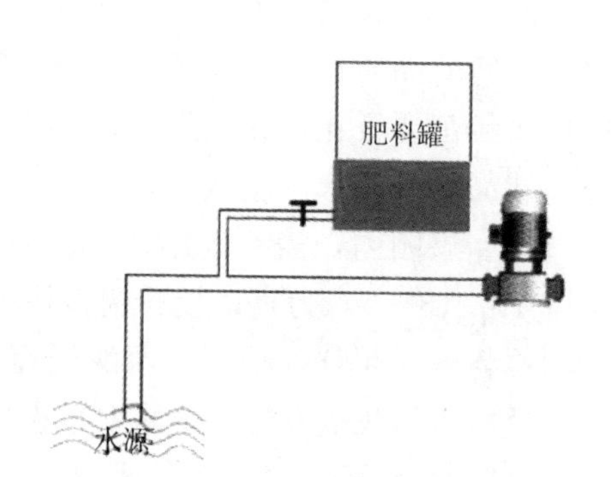

图 17　泵吸施肥法
（张加延《中国果树科学与实践　李》）

4. 果园小区规划　果园小区是基本作业单位，设置的目的是便于栽培管理。作业区的划分面积、形状、方位根据地形、土壤、气候特点及道路系统、排灌系统、水土保持工程等因素确定，一般以长方形为宜。

三、品种配置及栽植

1. 主栽品种选择　主栽品种的选择应根据当地的自然条件和市场需要确定。《李栽培技术规程》推荐的优良品种主要在中国李和欧洲李中，欧洲李有 2 个：理查德早生和大玫瑰。中国李则有大石早生、早美丽李、长李 15 号、美丽李、早生月光、美国大李、大石中生、玉皇李、香蕉李、黑琥珀、槜李、奎丽、绥李3号、玫瑰皇后李、龙园秋李、黑宝石、秋姬。在近几年的市场需求中，巫山脆李以其甜中微酸的风味，风靡市场。

《李栽培技术规程》还给出了主要栽培地区的适宜优良品种。

华北地区：黑宝石、美丽李、大石早生、蜜思李、安哥诺、黑琥珀、澳得罗达、玫瑰皇后、五香李、平顶香、玉皇李、麦黄李、大黄李、晚红李等。

西北地区：玉皇李、红心李、牛心李、黑宝石、黑琥珀、转子红李、大黄李、黄梅李、黄李、泾川梅李、奎丽李、理查德早生等。

东北地区：香蕉李、黑宝石、龙园蜜李、龙园秋李、绥棱红、绥李3号、跃进李、牛心李、长李15号、长李84号、长李109号等。

南方地区：槜李、红心李、黑宝石、玉皇李、美丽李、牛心李、黄冠李、芙蓉李、榛李、华蜜大蜜李、白脆鸡麻李等。

2. 授粉树的选择与配置 由于李的自花不亲和性，导致不结实或少结实的现象，为解决这一问题，必须在果园内合理配置授粉树。对于授粉树的要求比较严格。一是要花期与主栽品种基本一致、花粉量大、授粉亲和性好、能通过授粉改进果实的品质；二是无杂交不孕现象；三是主栽与授粉树的寿命相近，保证授粉树每年都要开花，无明显大小年现象；四是授粉树的果品好、经济价值高，能与主栽品种一样，产生效益。

同一果园内，需要选用2～3个品种作为授粉树，授粉品种与主栽品种的比例以1∶（3～5）为宜，授粉树作用的发挥与主栽品种树间的距离有关，相互靠近的授粉效果越佳，根据专家的研究，授粉树与主栽树间的距离应<60米。

授粉树的栽植方法主要是中心式栽植法，即1株授粉树周围有6～8株主栽树。对规模较大的果园，按果园的长边方向整行栽植，每隔3～7行主栽树夹栽1行授粉树。坡地或梯田上，可按梯田行的间隔3～4行栽植1行授粉树。如果主栽树与授粉树的果品品质都好，能产生同等的效益，授粉树可以对等配置。

《李栽培技术规程》推荐了主要栽培品种适宜的授粉树品种（表1）。

表1 主要栽培品种的适宜授粉品种表

主栽品种		适宜授粉品种
中国李	大石早生	美丽李、香蕉李、玉皇李
	早美丽	黑宝石
	玉皇李	大石早生、美丽李
	早生月光	红肉李
	大石中生	美丽李、大石早生

（续）

主栽品种		适宜授粉品种
中国李	玫瑰皇后	圣玫瑰、黑宝石
	黑琥珀	凯尔斯、玫瑰皇后、红心李、黑宝石、油棕
	美国大李	理查德早生、大玫瑰、黑宝石
	绥李 3 号	绥棱红
	槜李	蜜李
	龙园秋李	绥棱红、绥李 3 号、跃进李、龙园桃李
	黑宝石	蜜思李、红心李、圣玫瑰、早美丽、黑琥珀
	秋姬	蜜思李、玫瑰皇后、圣玫瑰、安哥诺
	安哥诺	黑布朗、黑宝石、索瑞斯
	美丽李	大石早生、绥李 3 号、玉皇李
欧洲李	大玫瑰	晚黑、耶鲁尔

四、苗木质量要求

苗木的质量按根系、茎、芽分级，一、二级苗为出圃合格苗。《李栽培技术规程》给出了苗木分级的质量要求（表 2、表 3）。

表 2　一年生苗木质量指标表

项目		等级	
		一级	二级
基本要求		品种纯正，无机械损伤，无检疫对象，根茎无干缩皱皮和新损伤，老损伤面积≤1.0 厘米^2，无根瘤病，砧桩剪除，嫁接愈合良好	
根	砧木侧根数量（条）	中国李或毛桃≥6；毛樱桃≥5；山杏≥4	中国李或毛桃≥4；毛樱桃≥3；山杏≥3
	侧根基部粗度（厘米）	≥0.5	≥0.4
	侧根长度（厘米）	≥15	≥15
	主根长度（厘米）	≥20	≥20
	侧根分布	分布均匀，不偏于一方，舒展不卷曲	
茎	砧段长度（厘米）	5～10	
	苗木高度（厘米）	≥100	≥80
	苗木粗度（厘米）	≥0.8	≥0.6
	茎倾斜度	≤10°	
芽	整形带内饱满芽数（个）	≥6	≥5

表 3　二年生苗木质量指标表

项目		等级	
		一级	二级
基本要求		品种纯正，无机械损伤，无检疫对象，根茎无干缩皱皮和新损伤，老损伤面积≤1.0 厘米^2，无根瘤病，砧桩剪除，嫁接愈合良好	
根	砧木侧根数量（条）	中国李或毛桃≥8；毛樱桃≥6；山杏≥5	中国李或毛桃≥6；毛樱桃≥4；山杏≥4
	侧根基部粗度（厘米）	≥0.5	≥0.4
	侧根长度（厘米）	≥15	≥15
	主根长度（厘米）	≥20	≥20
	侧根分布	分布均匀，不偏于一方，舒展不卷曲	
茎	砧段长度（厘米）	5～10	
	苗木高度（厘米）	≥130	≥100
	苗木粗度（厘米）	≥1.0	≥0.8
	茎倾斜度	≤10°	
芽	整形带内饱满芽数（个）	≥8	≥6

五、栽植时期及密度

李树的栽植时期分为春栽和秋栽。春栽是在土壤解冻后至苗木发芽前进行；秋栽是在落叶后至土壤封冻前进行。

栽植前应进行土地平整，山区或丘陵地应修筑水平梯田。栽植时根据土质合理密植，瘠薄土质行株距按 4 米×（3～3.5）米，48～55 株/亩深挖栽植坑；土层深厚、肥水条件好的土质行株距按（4～5）米×4 米，32～42 株/亩深挖栽植坑。栽植坑的直径为 1 米、深度为 0.8 米（图 18）。

图 18　栽植密度

六、栽植方法

栽植前要用清水浸泡苗木的根系 12 小时左右。按照直径 1 米、深度 0.8 米的规格挖好栽植坑。

挖坑时将表土和底土分别放置，栽植坑应在栽植前一段时间挖好，使底土有一定的时间熟化。栽植时，结合改土加施有机肥，每坑内按照有机腐熟肥 15～25 千克、磷肥 1 千克的量，与表土均匀混合后，作为基肥回填到栽植坑底部，灌水沉实。栽植时一般采用露砧栽植，将根系舒展开，扶正苗木，嫁接口向着迎风方向，边填底土边提苗、踏实，让根系与土壤充分接触，栽植深度以嫁接口略高于地表土为准，栽后在树苗周围培土埂，及时充分灌水、定干。定干是指及时对植株进行修剪，以确定直立的、没有侧枝的主干。

第三节　整形修剪

整形修剪是果树优质丰产栽培中的重要技术之一，目的是为了培养既方便管理，又具有丰产、稳产特性的果树，并在外观形状上保持一致，具有美感。

一、整形修剪的方法

整形修剪的方法很多，根据实际需要选择不同的修剪方法。

（一）短截

短截又叫短剪，是将一年生的新梢剪去一部分，削弱母枝，使其再发新枝，增强长势，扩大树冠。多用于中心干、主枝、侧枝的延长枝头，需要增强生长势的弱枝也进行短截。短截对母枝的影响较大，具有削弱母枝的作用，短截越重，削弱作用越大。短截所起的作用，按照轻重各有不同。一般短截对剪口以下的芽有刺激作用，近剪口第 1 芽所受刺激作用最大，新梢生长势最强，离剪口越远，影响作用越小。短截越重时，产生的局部刺激作用越强，萌发的中、长梢比例增大，短梢比例减小。极重短截有时发 1～2 个旺梢，有的只发中、短梢。短截按照程度不同，分为轻、中、重、极重短截 4 类。

①轻短截。指剪去枝条的顶梢，一般不超过一年生枝条总长的 1/5。轻短截后，能萌发短枝和花芽，成枝数量多，一般平均抽生枝条数量在 3 个左右。轻短截削弱了枝条的顶端优势，缓和了顶端枝条的生长优势，增加了短枝数量，上部枝易转化为中、长果枝和混合枝。轻短截枝条的增长直径大于中、重短截，在幼龄树上对水平枝和斜生枝进行轻短截，有利于提早结果。

②中短截。又称适度短截，剪的部位多在梢中、上部饱满芽处，剪去枝长的1/2、1/3。中短截能促其萌发长枝。

③重短截。指剪去枝条的1/2以上，即在春梢的中、下部半饱满芽处下剪。重短截能形成徒长枝。

④极重短截。指保留枝条2～3厘米，即在春梢基部留1～2个芽处下剪，促使隐芽萌发形成细弱枝。

（二）疏枝

疏枝又称疏剪、疏删修剪，其方法是将枝梢从基部剪除，主要用于疏除主干、主枝及侧枝背上的直立枝、徒长枝、竞争枝、密挤枝、细弱枝。其目的是减少分枝，改善光照，避免内膛枝枯死。因减少了母枝上的枝量，削弱了母枝的生长势，根据这一原理，在调节骨干枝之间的平衡时，采取强的多疏、弱的小疏或不疏的方式。另外，因疏除的对象不同，疏除花芽枝、结果枝、无效枝，反而可以增强整体和母枝的势力（图19）。

图19　冬剪枝条

（三）缩剪

缩剪又称回缩，顾名思义是将枝条缩短，剪去多年生枝的一部分。它与短截、疏枝有区别。短截是针对新梢、疏枝是针对整枝、缩剪是针对多年生枝的一部分。

通过缩剪，去除部分枝量，以节省营养，减少消耗，集中营养使留下的枝获得更多的营养和水分供应，恢复树体或母枝的生长势，延长母枝和树体寿命。多用于衰老树的更新复壮、连续结果衰弱枝或下垂的多年生枝的更新复壮。

同时还可以改变枝条的生长方向，有利于通风透光。如在辅养枝、骨干枝适宜部位进行缩剪。

缩剪具有促进和削弱作用。适度缩剪，在剪口以下保留强枝部分，可促进剪口后部的枝芽生长，常用于骨干枝、枝组或老树更新复壮。削弱作用表现在过重缩剪生长以抑制生长，常用在骨干枝之间势力的均衡调节，控制或削弱辅养枝。

（四）缓放

缓放也称甩放和长放，顾名思义是暂时放着不剪。主要是对营养枝不剪，以缓和新梢长势。缓放保留的侧芽多，将来发枝也多，但多为中短枝，抽生强旺枝比较少。缓放有利于缓和枝的生长势、积累营养，使弱枝转强、细枝增粗，有利于花芽形成和提早结果。生产上采用缓放措施的主要目的是促进成花结果。

缓放主要用于年龄不大和生长势比较缓和的斜生枝、水平枝和下垂枝。对生长强旺的直立枝、徒长枝和竞争枝等乱生枝不能缓放，因为这类枝条缓放后越长越旺、越长越粗，容易失控，不仅不能成花结果，反而会扰乱树形。

缓放只是一种暂时性的过渡措施，不可将一个枝条连续多年长时期放任不管，否则容易形成又长又弱的交叉枝，影响树冠光照，造成结果外移。

缓放应与回缩相结合，缓放的枝条成花结果后要逐步进行回缩更新，将树冠外围枝头上结果的部位，通过回缩收回到树冠内膛，使其在枝条的中下部结果。把放作为早成花、早结果的手段，把收作为多结果、结好果的保证。

缓放枝的枝叶量多，总生长量大，相比短截更容易使枝条快速加粗。在处理骨干枝与辅养枝关系时，如果对辅养枝缓放，往往造成辅养枝快速加粗，其生长势可能超过骨干枝。因此，在骨干枝较弱，辅养枝较强旺时，不宜对辅养枝缓放，对强旺的辅养枝可采取拉平控制措施，削弱其生长势。

在幼树整形期间，枝头附近的竞争枝、长枝、背上或背后旺枝均不宜缓放。缓放应以中庸枝为主。当长旺枝数量过多，且一次全部疏除修剪量过大时，也可以少量缓放，但必须结合拿枝软化、压平、环刻、环剥等措施，以控制其生长势。缓放的长旺枝第二年仍过旺时，可将缓放枝上发生的旺枝或生长势强的分枝疏除，以便实行有效控制，保持骨干枝与缓放枝的主从关系，促使缓放枝提早结果，使其起到辅养枝的作用。

（五）拉枝

拉枝又称开张角度，是采用撑、拉、坠、拿、别等方法，对树枝进行不同角度的开张。其目的是缓和枝的生长势，促其多发短枝、稳定结果。把主枝角度开张到80°左右时，效果最为明显。生产上常利用枝条的生长势调节树体的生长势（图20）。

果树拉枝最适宜的时期在初秋，此时的枝条柔软、可塑性强，能根据需要随意改变枝条的伸展方向、角度。春、冬季不适宜拉枝，春季拉枝背上冒条徒长多，冬季拉枝枝条太脆。

图 20　拉枝

秋季拉枝的优点较多。一是能使树膛内的光照增强，有利于内膛叶片和果实的生长；二是能控制新梢生长，增加短枝数量，促使中下部芽体充实，提高翌年的萌芽率；三是能协调结果树的营养生长和生殖生长，更新衰老树枝组，实现枝条在纵横空间利用的最大化。

拉枝前，先要进行全树整形修剪，剪除过密枝、重叠枝、不充实的细弱枝等，然后按照“推、揉、压、固定”4 个步骤，进行拉枝前的准备活动。具体方法是手握枝条向上及向下反复推动，将枝条揉软，然后将枝条下压至所要的角度和位置，用拉枝绳的一端在枝条合适的部位使用活结固定，另一端固定在地桩上。拉枝时，如果多年生枝过粗，推不动揉不软，则要用连三锯的方法进行开角，即在枝条距主干 20 厘米左右的位置、靠地面一侧连锯 3 道、相距3～5厘米、深达枝条直径 1/3 的锯口，通过压平定位，再用绳子或铁丝拉住固定。铁丝拉大枝，要在枝上垫皮垫或布片，以防捋伤枝条。

拉枝部位的把握，是要使枝条恰好直顺、不呈弧形为宜。拉枝部位不宜放在枝梢部，也不能距主干太近，应根据实际情况选择在枝条中部至枝梢顶端 1/3 处。若从枝梢段拉枝，主枝易变成弧形，造成枝条顶端长势衰弱，树冠扩大缓慢，且弧形枝段易萌发徒长枝；距主干较近拉枝开角，腰角难拉开，开角的效果不大。

不同树形拉枝角度不同，对中密度建园的果园，拉枝时必须分清枝条类型，对需永久保留的骨干枝，基角可拉成 85°～90°，骨干枝每隔 20 厘米插空选留，螺旋排列，4 年生树可选留 15～20 个；对非骨干枝根据占有空间大小可拉成水平至下垂，基角掌握在 90°～150°；对高密度果园或培养细长纺锤形、高纺锤形树形的，则不分枝类，全部基角拉至 105°～120°。

中密度园适宜拉枝的枝条以长 1 米以上、基部粗 1 厘米以上为宜，不宜过早。拉得过早，极易造成树体衰弱，形成“小老树”。

拉枝要考虑树势强弱，壮树多拉，弱树少拉或不拉，因为弱树拉枝会使树体更加衰弱。应避免只拉小树不拉大树，只拉下部枝不拉上部枝。应做到“三拉三不拉”，即拉直立枝不拉侧平枝，拉长枝不拉短枝，拉粗壮枝不拉细弱枝。对于大的主枝，既要拉主枝，还要拉同一主枝的侧枝，且侧枝角度大于主枝角度。

拉枝的基本方法：

①撑。撑即撑枝，使其展开。撑枝是截取长度、粗度适当的枝条作撑棍，将撑棍的一端顶在直立生长的旺枝上，另一端顶在树体的牢固部位，借助撑棍的力量使枝条角度开张的方法。撑棍不可用同树种的枯枝，以免传播病害。

放撑棍时，将两头剪成“V”状，以便撑棍更好地扣住主干与被撑枝条，再用力摇晃一下，以确定是否稳固。撑后，若撑棍呈弧形，说明撑棍粗度不够，应重新换较粗的撑棍。初次使用时如果掌握不住撑棍的长度，截取长度应适当长一些，接着先将一头剪成“V”状，撑在主干上，另一头根据主枝拉开的适当位置，再适量截取。

撑枝的作用是改变枝条生长极性，减少枝条上顶端优势的差异，有利于促进下部即近基部枝芽的生长（更新复壮），并促使所抽生新梢生长均匀，形成中短枝，有利于结果，防止下部光秃。骨干枝开张角度后，可以扩大树冠，改善光照，并能充分利用空间。通过调整枝相，有利于促进树体健旺生长，便于进行分类管理，能够达到早果早丰、整形结果两不误的目的。

②拉。拉即拉枝。

③坠。坠即坠枝，采用重物吊坠的方法，使其角度开张。坠枝的缺点较多。一是坠枝的角度不易控制，其角度会随着枝条持续下垂而不断开张；二是坠枝因其下垂有限，为了达到开张角度，往往会使坠枝成弓形，容易冒条；三是坠枝时间不易掌握，且只能开张角度，不能改变被坠枝方向。

④拿。拿即拿枝，指用手握住枝条从基部向梢头逐渐移动并轻微折伤木质部，削弱生长势、促进成花。主要对象是较直立的旺枝，竞争枝、辅养枝等。拿枝可以开张枝条角度，提高枝条萌芽率，促进花芽和中短枝形成，培养结果枝组。拿枝时注意手部力量的轻重，避免折断枝条或重伤枝条皮层。

图 21　别枝

⑤别。别即别枝，是指用“S”形金属别枝器将枝条下压弯曲的方法(图21)。

（六）抹芽除萌

萌芽后将芽去除叫抹芽。多用于主干上和主枝的后部及伤口下的萌芽，避免形成徒长枝，改善内膛光照，维护既定的树形。抹芽一般在夏季进行，这时候及时抹芽能减少养分的消耗。抹芽也用于嫁接苗木的培养。

除萌是将树体上的隐芽萌发的一些枝条从基部疏除。

（七）摘心和扭梢

摘心和扭梢是夏季修剪的主要方法，多用于旺长的直立小枝。摘心是将生长期的新梢幼嫩的顶部摘除，其作用是可以削弱顶端优势抑制新梢生长、促进花芽形成、提高坐果率、促进枝芽充实、增加分枝数。

图 22　扭梢

扭梢是在新梢半木质化时，在新梢基部 3～5 厘米处，将枝条扭转 180°，使新梢水平或下垂。扭梢的主要目的是改变枝的生长方向，使其向下或侧面生长，使其形成短枝、变粗壮，早日木质化（图 22）。

（八）环剥（环割）

环剥或环割，即绕树干或枝一周，剥去其树皮的方法。一般在春季发芽前后进行，环剥的宽度为被剥枝干直径的 1/10～1/8，环剥能抑制营养生长、促进花芽分化、提高坐果率。环剥后，伤口应用保护性杀菌剂涂抹，并随即用黑色塑料薄膜包扎，防止病菌感染。

环剥是为了截断树干韧皮部向下输送养分的通道，使环剥以上的部分积累大量营养，促进花芽形成，增加产量；也可促进环剥以下的部分芽、枝萌发或生长。环剥主要用于生长过旺和结果偏少的旺树与旺枝，正常结果的树不宜使用。

环剥方法不可连续多年使用，会导致根系养分不足、发育不良、萎缩、枯死，环剥伤口保护不当易产生流胶病。

二、不同树龄的修剪要点

李树的生命周期，也是一个由幼年到衰老的过程，这个过程，我们把它划分为 3 个阶段，即幼龄期、盛果期、衰老期。对修剪要求而言，在不同的时期有不同的方法。

1. 幼龄期　幼龄期是指结果前的时期，一般为 3 年，最久不过 5 年。这期间主要是扩大树冠、培养坚固的树体骨架、整理树形、形成大量的结果枝，为丰产奠定基础。这个阶段的修剪，根据季节不同而采取不同的方法。

①冬季休眠期修剪。对骨干枝的延长枝采用适度短截（中短截）方法，对直立旺长枝和竞争枝采取重短截或疏除的办法严加控制，对辅养枝进行控制与利用相结合，对平斜和下垂枝全部缓放，以培养短果枝组为主。

②夏季生长期的修剪。主要是控制过旺生长，及时疏除竞争枝和徒长枝，对非骨干枝的延长枝采取摘心、扭梢、轻截、缓放的方法，短截等过重修剪手法会导致刺激生长、进入丰产期的时间延长。

③初秋时期的修剪。主要是拉枝。由于李树的生长势强，直立枝条多，易导致树体内膛密闭不透风，光照不能进入，不利于花芽的形成。幼龄时期拉枝，能促使枝条形成花芽，提早结果。

2. 盛果期 中国李的树龄较长，一般可达 30～60 年。因此，李树的盛果期时间较长，一般在第 5 年后开始进入盛果期。盛果期的修剪目的是调节生长和结果的关系，以维持产量的稳定和树势。针对不同情况采取不同的修剪措施，使其保持强劲的树势和稳产高产势头。修剪时，要疏除或缩剪有碍骨干枝生长并影响光照的枝条，防止结果部位外移。结果的短果枝和花束状结果枝的连续结果能力在 3～6 年，之后结果能力下降，对这种超龄的结果枝要采取回缩、疏除等方法，更新结果枝。对徒长枝，可采取控制生长的方法使其转化为结果枝组。

①休眠期冬剪。培养骨干枝、调整树体结构、平衡树势、培养结果枝组、调整花芽和叶芽比例等。综合应用短截、缓放、疏枝技术，调整生长和结果的关系。一是要仔细修剪结果枝组，使其适当更新，延缓衰老，保持强劲的结果能力。二是疏除主枝背上枝、密挤枝、竞争枝、病虫枝，使树体保持良好的通风透光，防止内膛枝枯死。三是要保持树势缓和稳定，主枝保持开张健壮，主枝之间生长势平衡，控制树体大小，保持树形稳定。四是对衰老下垂或交叉的主枝适当回缩或扭转，抬高枝头角度（图 23）。

②春季修剪。分为花前复剪、除萌抹芽、延迟修剪 3 个时期。花前复剪是对冬季修剪的补充，在露蕾时进行，按照冬季修剪的方法，进一步完善，以调节花量。除萌抹芽是为了减少养分消耗而在萌芽后除去枝干过多的萌芽和萌蘖，在时间要求上宜早。延迟修剪是因为冬季休眠期没有修剪而等到春季萌芽后才修剪，这类修剪主要用于生长过旺、萌芽率高、成枝力强的品种上，其方法是抹芽，在顶端优势受创的情况下，削弱树势，推迟生长时间，使下部芽萌动，产生更多的芽。

③夏季修剪。这个时期的树势旺盛，修剪会使树的生长处于抑制状态，修剪量不宜重，只宜轻。需要对树势进行调控时，如抹芽促进分枝等，才进行修剪。

图 23　冬剪效果

④秋季修剪。在落叶前进行带叶修剪。这时候修剪的目的是剪除过密过大枝，修剪时容易判断枝条的稀密。

3. 衰老期　当主枝和侧枝先端衰弱或枯死、产量明显下降时，表明进入了衰老期。对衰老期树的修剪的目的是集中养分恢复树势、延长树的经济寿命。这个时期的修剪主要在冬季进行，采取短截新梢、回缩衰老骨干枝和较大枝组的方法，进行更新复壮，促发新枝，刺激潜伏芽萌发，长成壮旺枝；重短截生长枝，重新培育骨干枝和结果枝，延长结果期；利用直立枝和内膛徒长枝，培养成新的结果枝组。

衰老期不强调树形的保持，在结果低下时，应淘汰重植。

三、李的常见树形

李的树形有自然开心形、细长纺锤形、“V”形、自然圆头形、小冠疏层形。

1. 自然开心形　自然开心形也叫多主枝开心形，栽植后立即在 60 厘米处定干，主干高度确定为 40～50 厘米，在主干上错落培养 3 个主枝，层间距 10～15 厘米，主枝之间平面夹角呈 120°，主枝与主干间的开张呈 35°～45°仰角；每个主枝上保留 2 个侧枝，使其在主枝两侧向外方向生长；在主枝和侧枝上着生结果枝组和结果枝，无中心干。这种主枝与侧枝的布局俗称为“3 主 6 杈 12 枝”（图 24）。

自然开心形的树形向天空呈仰角伸开，光照好，果品优质，但初期主枝数目少，早期产量低。

要想具有自然开心形树体，必须在当年栽植后即距地面 60 厘米定干，在 5 月初新梢生长到一定程度后，选取生长均匀的 3 根作为主枝培养，其他的新梢全部摘除。待主枝生长到50～60厘米时摘心，用于促进副主枝生发，使其每隔25～30厘米反向抽发。在7～8月时将主枝进行拉枝，以开张角度，枝的基角呈50°～60°。

图24 自然开心形树形

在栽植的开始2年内，要构建起树体的骨架，通过培养主枝，建立副主枝、侧枝进行构建。因为李的长枝不结果，结果枝主要是短果枝和花束状果枝，因而在构建树体骨架时，要保留主、侧枝上的短果枝。在栽植3年后，李树开始挂果，这时要重点培养结果枝组，修剪时进行轮换更新，达到生长与结果平衡的修剪目的。在每年的5～6月间，抹除背上抽发的直立枝、徒长枝，使主枝、副枝、侧枝上的短枝通风透风，产生健壮的花芽，为翌年丰产作准备(图25)。

图25 丰产的李树

2. 细长纺锤形 细长纺锤形树形适宜于发枝量多、树冠开张、生长不旺的品种，一般用于密植形栽植。

细长纺锤形具有中心干，并且中心干强壮、直立。细长纺锤形树形的培养，可以分4年完成。栽植后的第1年定干，确定中心干高50～60厘米，然后选留3个主枝；在第2～4年，每年选留2～3个主枝，最终选留10～12个主枝。每年选留下来的主枝，要在初秋时节拉枝，拉枝时主枝与中心干的夹角呈70°～90°。在选留这些主枝时，注意它们在主干上呈螺旋状错落排列，主枝之间的距离在10～15厘米，同一侧面的主枝间的垂直距离不少于50～60厘米，下层主枝长1～2米，上层主枝逐渐缩短，外形呈纺锤形。

对于主枝的延长枝，采取轻短截或缓放的方式，使其呈单轴延伸，缓和生长态势，增加各主枝上的结果枝组。中心干的延长枝达到3米高后，可以缓放不短截。

主枝的延长枝是指在主枝的先端继续延长的发育枝。它有扩大树冠的作用，一般情况下，冬剪时便在饱满芽处进行了短截。

3. “V”形 两个大主枝间呈60°夹角伸展，伸展的方向为东西向。在栽植时，以南北向成行，株距1.5～2米，行距4米。定干时干高30～40厘米，主枝不留侧枝，直接培育多个结果枝组，枝组间距为15～20厘米。

“V”形树是在欧美国家推广的树形，它的特点是栽植密度可以加大，因其枝形东西向伸展，光照量大，早期产量高。

4. 自然圆头形 这类树形适合密植和干旱地区栽植。优点是修剪量小、成型快、结果早、枝多丰产。缺点是树冠内膛光照和通风不良，容易导致结果枝枯死，果实品质变差。

苗木栽植后，在60厘米处定干，进行第1年的冬季修剪时，选留错开排列的5～8个中心主枝外的骨干枝，任其自由生长，其余主枝则通过拉枝使其向树冠外围伸展。主枝上每隔30～50厘米留1个侧枝，侧枝上配备枝组，或者不留侧枝，用大型枝组代替侧枝。

5. 小冠疏层形 这类树形经4年修剪即可成型，成型后的干高40～60厘米，树高3m左右，有中心主干，中心主干落头开心。主枝分2层配置，每个主枝配置1～2个侧枝。第1层3个主枝，层内间距15～20厘米；第2层有2个主枝，层间距60～80厘米，与第1层的3个主枝插空选留。

栽植当年，定干高度为60～70厘米。第2年春季时，将生长势强的顶端直立枝确定为中心干，然后在主干上选3个枝作为第1层主枝，选取时，这3个枝要分布均匀，与中心干的夹角呈50°～60°，中心干与主枝任其生长，对其他枝进行摘心或短截，疏除直立竞争枝；冬剪时，中心干的延长枝保留60厘米左右进行短截，各主枝的延长枝保留50厘米左右短截，保留中短枝作为结果枝。第3年春剪时，在上年选留的主枝上，选角度开张的枝条作侧枝或延长枝，再在中心干上选2个主枝作为第2层，这2个主枝要与第1层的主枝有错落，与第1层的距离50～60厘米；冬剪时，将中心干落头。

第四节 花果管理

一、授粉

（一）人工辅助授粉

人工辅助授粉的优点突出，一是能提高坐果率；二是果实发育快，能增大果实；三是所结的果实形状端正。但人工授粉是一个相当麻烦的过程，一是要采集花粉，二是花粉贮藏要求高，三是人工点花授粉，人工量大。

随着科学技术的发展，采粉授粉贮藏花粉都实现了机械化和智能化，人工辅助授粉也实现了机械化。

果园内配置有授粉树，一般情况下不需要人工授粉。但在花期遭受冷冻、大风等自然灾害后，雌花受精不良，导致严重的落花落果，因而需要进行人工辅助授粉。

1. 花粉的采集　采集花粉是指采集雄性花药中的花粉粒，花药是雄蕊花丝顶端膨大呈囊状的部分。花粉囊是产生花粉粒的地方，每一花药通常由 4 个或 2 个花粉囊组成，左右对称分开。花粉囊内产生许多花粉粒，花粉粒成熟后，花粉囊裂开花粉粒散出。

（1）*人工采集花粉*。人工采集花粉的方法是在李花开前的 2～3 天采集授粉品种的花药，此时李花还是花蕾，花瓣松散但还没开放，在早上 9 点前，从花柄处采摘带回家，在干净的纸上，扳开花瓣，摘下花药，或用牙刷将花药刷到纸上。将采集到的花药放在室内干燥、通风处摊晾，如遇阴冷天气，可用电热台板或在红外线灯下加温、烘干，温度控制在 20～25℃，经过 12 小时后，花药自动裂开，淡黄色的花粉粒散出，将这些花粉粒晾干后，用细箩过筛，将筛下的花粉装在遮光的清洁瓶子里保存备用。

采集时，尽量在多个授粉品种树上采集，将取得的花药混合在一起，坐果率比单一花粉授粉更高。

（2）*机械采集花粉*。机械采集花粉需要专用的采粉机，将花蕾粉碎，筛除花丝、花萼、花瓣等，保留淡黄色的花药，采取上述阴干取粉法，或者火炕增温取粉、温箱取粉等方法进行。将散出的花粉连同花药壳一起保存在干燥的玻璃瓶中放在阴凉干燥的地方备用。

（3）*花粉的保存*。在 25℃的常温条件下，可贮藏 1 周，在 0～5℃的冷藏条件下可保持花粉的活力 30～40 天。在无光的冰箱或冷库中，在干燥、隔光的容器内放入硅胶袋或者少量石灰吸湿，温度为 2～8℃，相对湿度为 50%，花粉可以保存 4 年。这类贮藏久了的花粉，在使用前需要通过发芽率的检测，发芽率必须≥10%才可以使用。

2. 人工辅助授粉　李花开后的 1～3 天内，最迟不超过 7 天，全树约有 5% 的花开放时，需要人工授粉的，必须开展授粉。因刚开的花的柱头上有黏液，开花当天授的粉最佳，坐果率较高。授粉时间选在露水干后的上午8～10 时、下午 3～4 时进行，授粉须在晴朗无风的天气进行，不可在下雨天授粉。

授粉量小时，授粉前，将少量花粉倒入小瓶中，方便操作。授粉时，一手拿小瓶，一手拿棉棒或毛笔蘸花粉，直接轻涂或点授在花的雌蕊柱头上。蘸取一次花粉可点授 5～7 枚花。为保证授粉率，如遇不良天气，花期内要反复授粉2～3次。

如果授粉的量大，可以不事先采集花粉，在大量开花时，利用鸡毛掸子授粉。将鸡毛掸子用白酒清洗消毒，然后绑在竹竿上，在授粉树上反复滚蘸花粉，然后在接受授粉树的上、下、内、外滚授，3 天内滚授 2 次以上。

在人工授粉时，可结合喷施氨基酸钙、高壮素、保花保果剂等，效果更佳。如赤霉素溶液 30 毫克/千克＋氯化稀土溶液 300 毫克/千克＋硼酸溶液 0.3%。

为提高工效，果园面积大的，可采用机械液体人工授粉或电动干粉喷授，如使用微型喷雾器喷洒、电动采粉授粉器喷洒。

（二）蜜蜂授粉

李花是虫媒花而不是风媒花，李花的花粉传播，依靠的是昆虫传粉受精。利用蜜蜂进行授粉，可以替代人工授粉，比自然坐果率高，且省工省时省成本。

在果园放养土蜂是十分合算的项目，土蜂或洋蜂都可以对李花授粉，且土蜂蜜的经济效益明显。为了使蜜蜂单一对李花采粉，可将李的花粉加入水中浸泡后在蜂群中喷洒，或者在蜂桶口放置李树花粉，培养蜜蜂采粉的专一性。蜂桶放置在向阳背风的地方，能提高蜜蜂的采粉授粉效率。蜂群的密度应掌握在2 500～4 500头/公顷（图 26）。

图 26　背风向阳的土蜂桶

二、喷施生长调节剂和营养元素

此方法不适宜有机栽培。

1. 传统生长调节剂 生长调节包括促进和控制李树的生长，以促进坐果，提高产量，传统使用的调节剂主要有硼砂、赤霉素、硼酸、氯化稀土等。

在李树开花前 1 周和盛花期各喷施 1 次 0.2%～0.3%的硼砂，喷施量为 3000 升/公顷，与自然结果率相比，可提高 8%～9%的产量。

在李树的盛花期，采取如下配方中的一种进行喷施，均可提高坐果率。赤霉素溶液 30 毫克/千克＋氯化稀土溶液 300 毫克/千克＋硼酸溶液 0.3%；赤霉素溶液 30 毫克/千克＋氯化稀土溶液 300 毫克/千克；赤霉素溶液 30 毫克/千克；赤霉素溶液 50 毫克/千克＋氯化稀土溶液 300 毫克/千克；硼酸溶液0.3%＋尿素溶液 0.3%；氯化稀土溶液 300 毫克/千克。

2. 多功能果树叶面肥 PBO PBO 是一种含有多种微量元素和植物生长调节剂的多功能果树叶面肥，它含有细胞分裂素 BA，生长素衍生物 ORE，增糖着色剂、早熟剂、延缓剂及多种微量元素等。喷施后能使果树成花量增加，果实早熟、色红，提高坐果率，也能使果实大面积延迟采收，不裂果，质优价高。还能提高果树的抗旱、抗寒、抗病能力，增强果品的耐贮藏性。

在李树上喷施 PBO 后，可抑制新梢过旺生长，增加营养积累，提高短果枝比例，增加结果枝，促进花芽分化，提高成花率、坐果率，增加单果重量。在花蕾露红时，喷 1 次 PBO 250 倍液，可防花期寒流和晚霜冻害。在膨大期和成熟期喷施 PBO 300 倍液，可防止裂果、增产、增加可溶性固形物的含量、果粉增厚、果色艳丽，果品质量提高，经济效益也会随之提高。

使用 PBO 时，应根据气候、树种、品种、树势因地制宜、合理使用。为充分发挥更高的效能，应在树势较强壮、肥水条件充足的情况下使用 PBO。使用前必须加强栽培和肥水管理，使弱树转旺后再使用，如与其他营养肥料混合使用效果更好。使用 PBO 后坐果率高，必须疏果控制产量，保持一定叶果比。土施的 PBO 残效期为 1 年，第 1 年土施后，第 2 年要改用喷施。

使用 PBO，还可替代摘心、环剥、扭梢等修剪手段。

三、花期环剥

有机栽培不允许使用植物生长调节剂，对李树的生长调节，可以采用环剥修剪方法，在李树的始花期，对主干进行环剥，环剥 1 条宽度为主干直径 1/10 的剥道。

四、疏花疏果

通过上述一系列技术和生产措施，李的花、果数量将会显著提高，但花果数量过多，也会有许多副作用，影响树体的生长发育，导致树势衰弱、果实小、品质下降，出现“大小年”现象。因此，在花期和坐果后，要进行必要的疏花疏果，确保高产、稳产、高品质。

1. 疏花 疏花有两个时期，一是蕾期，二是花期。之前，对每棵树的坐果率及预期产量有一个估算，然后按照“疏两头保中上单花”的原则对结果枝进行疏花。“疏两头”即疏除结果枝基部的花，对上部的花也进行一定的疏除；“保中上单花”即保留结果枝中、上部的花，单花优先保留。对于预备枝上的花以全部疏除为宜。

此外，还要统筹整株树的花量，树冠中部和下部要保留，尽量少疏，外围和上层要多疏除少保留；辅养枝、强枝上的花要多留；骨干枝、弱枝要少保留。因受冻、受损的花疏除，保留正常发育的花。

2. 疏果 疏果时期要根据李树的品种而定，通常情况下，在落花后 15 天左右，这时的生理落果带果柄，坐果表现为相对稳定了，可以进行疏果。

根据经验，疏果标准是：每个李果需要 16 片叶以上；小果型品种 1 个短果枝上留 1～2 个果，果实间距为 4～5 厘米；中果型品种每个短果枝上留 1 个果，果间距为 6～8 厘米；大果型品种以 20～30 片叶留 1 个果较为合适，每个短果枝上留 1 个果，间距为 8～10 厘米。

在疏果实践中，判定一个果实是疏除还是保留的标准，是果实的外形。保留具有本品种特征的、发育正常的果实，疏除虫果、伤果、畸形果、果面不干净的果。实践证明，纵径长的果实膨大得快，易长成大果；保留侧生和向下着生的幼果，疏除向上着生的果，这类果易受风害、损伤，着色不好，套袋困难。

疏果时要有顺序的进行，由上而下，由内而外，防止漏疏。保留果实在树体上的分布，主要保留内膛下部的果，少保留树冠外围及上部的果。

保留单株果实数量的多少应根据历年产量、当年生长势、坐果情况、果实的大小来确定，一般按照正常估计量多保留 10%，作为成熟前的损耗。

五、生理落果

如果李开花很多，坐果率却低，原因是果实在生长发育过程中受气候和土壤等因素的影响容易发生生理落果。李的生理落果有 3 个高峰期。第一次是落花，开花后带柄脱落。如果夏季出现干旱，引起早期落叶，使树体衰弱，这时候正是花芽形成时期，导致花器不全，在翌年春刚开花时授粉受精不良导致落花，这是第一次生理落果高峰。第二次生理落果高峰是开花后 14 天左右，这次落果是授粉引起的，自花授粉不孕或没有充分授粉的，在花后 2～3 周，果实绿豆粒大便开始落果，没有受精的最后全部落光。这次落果结束时，要开始疏果。第三次生理落果高峰是六月落果，导致落果的原因有 3 个：一是因结果过多，果实已经长大，果实间营养竞争激烈，导致营养不良引起胚死亡；二是阴雨天气过多，日照不足，土壤水分超过了含水量的要求，使树势过弱，引起落果；三是树势过强，结果少，大量的养分向枝叶输送，使果实在膨大期缺乏足够营养，种胚死亡，引起落果。

生理落果的危害很大，有自然因素，也有管护因素，只要精心管护，规范管护，是可以防范的。

六、果实套袋

果实套袋的主要目的是生产高品质果实，如无公害李、绿色食品李、有机李等高档商品李，也可防止严重的裂果病。

套袋一般在落花后 30～40 天，当果实长至拇指大，果实开始硬核时实施套袋。套袋前 1 天喷施 1 次防病虫药剂，喷施时对树冠均匀周到地喷洒。选用外黄内黑的果品专用纸袋，撑开袋口，托起袋底，让两底角的通气放水口张开，使袋体膨大，将果实套在袋的中间，严密封口，用细线捆扎好果袋，防止害虫和雨水进入危害果实。套袋的顺序是由内及外，先树冠内部的上部、下部，后树冠外部的上部、下部。

在采摘前的 1～2 周要除袋，除袋时顺手将果实遮光的叶片摘去，以利于果实着色、提高品质。除袋不宜过早或过晚，过早则果皮粗糙，易受病虫害，过晚则口味差，可溶性固形物含量难以提高。

第三章 土壤肥料管理

第一节　土　壤

植物所需要的水分、养分、空气、热量，都是通过土壤提供的，人类将自然土壤开垦种植后，转变为农业土壤，根据土壤的质地，通过科学手段改变土壤的肥力，促进农作物的生长。

一、土壤质地及判别

土壤质地是指土壤颗粒的粗细程度，一般分为沙土、黏土和壤土。壤土又分为沙壤土、轻壤土、中壤土、重壤土 4 级。土壤质地的判别，一般采用手测法进行。测试前，将提取的土壤样品中的杂物及硬块等去掉，采用干测法或湿测法进行判别。

1. 干测法　选择玉米粒大小的干土块，用拇指与食指挤压、摩擦捻碎，继续来回搓摩，通过搓摩的感觉和声音判别。

2. 湿测法　取一小块土，在手掌心中捏碎，加入水，加水的量以充分浸润为度，然后搓成球、条等形状，弯曲时的断裂程度判别。

手测法是以手指对土壤的感觉，结合视觉和听觉确定土壤质地的一种简便易行的方法，适合于田间现场进行土壤质地的鉴别。一般参考卡庆斯基土壤质地分类手测法标准进行。

表 4　卡庆斯基土壤质地分类手测法标准表

质地	干燥状态下手指间挤压或摩擦时的感觉	湿润状态下揉搓时的表现
沙土	几乎由沙粒组成，粗糙研磨时沙沙作响	不能成球形，用手捏成团，一松即散，不能成片
沙壤土	沙粒占优势，混夹有少许黏粒，很粗糙，研磨时有响声，干土块用小力即可捏碎	勉强可成厚而极短的形状，能搓成表面不光滑的小球，但搓不成细条

（续）

轻壤土	干土块用力稍加挤压可碎，手捻有粗糙感	可成较薄的短片，片长不超过1厘米，片面较平整，可成直径约3毫米土条，但提起后容易断裂
中壤土	干土块稍加大力才能压碎，成粗细不一的粉末，沙粒和黏粒含量大致相同，稍感粗糙	可成较长薄片，片面平整，但无反光，可搓成直径约3毫米土条，但弯成2～3厘米小圈即断裂
重壤土	干土块用大力挤压可破碎成粗细不一的粉末，粉沙粒和黏粒土占多，略有粗糙感	可成较长薄片，片面光滑，有弱的反光，可搓成直径2毫米的土条，能弯成2～3厘米圆形，但压扁时有缝
黏土	干土块很硬，用手不能压碎成细而均匀的粉末，有滑腻感	可成较长薄片，片面光滑有强反光，不断裂，可搓成直径2毫米的圆环，压扁时无裂缝

二、土壤的改良

为了使土壤适应农作物的生长，必须对土壤质地进行改良。改良的方法主要是从改良土壤结构着手。

1. 增施有机肥，改进土壤结构 为了使沙质土壤黏结成团聚体，使黏质土壤结构松散，通过增施有机肥，达到改良的目的。增施有机肥后，能促进沙粒的团聚，降低黏土的黏结力。

2. 沙黏混合，调剂土壤结构 通过黏土掺沙土、河沙，沙土掺黏土，达到“三泥七沙”“四泥六沙”改良土壤的目的。对“上沙下黏”“下沙上黏”的土壤质地，通过深翻使上下层土壤混合。有积水淤泥的地方，通过引洪积淤，含黏土的水引入沙土，含沙土的水引入黏土，产生沉淀后改良土壤。

3. 植树种草，培肥改土 在大面积过沙土壤中，选择适宜品种，种树种草或农作物，采取深种或水旱轮作等方式改良土壤，还可种植豆科绿肥植物来增加土壤有机质和氮素的含量改良土壤。

三、调节土壤有机质

土壤有机质是植物生长的“激素”，是土壤中含碳的有机化合物，包括土壤中各种动、植物、微生物残体、土壤生物的分泌物和排泄物，以及这些有机物质分解、转化后的物质。它们在土壤中的含量虽然不高，但却为提高土壤肥力、促进物质循环、强化农业可持续发展、改善土壤环境等发挥着重要作用，因而对土壤中有机质的含量应当科学地进行调节，以利于作物的生长。为提高土壤有机质的含量，可以采取合理施肥、调节水气热的状况等措施。

①合理施肥。合理施用有机肥能使土壤保持适当水平的有机质，供给植物生长的养分，除此之外，还可以秸秆还田、种植绿肥等。

②土壤水气热的调节。果树生长的最佳状态是土壤的温度、湿度、通气条件适宜，这时在土壤中的好氧性与厌氧性生物交替或相伴存在，促使土壤有机质矿质化、腐殖化，达到供应植物养分、贮藏腐殖质的目的。

四、调节土壤肥力

土壤肥力是指植物生长所需要的水分、养分、空气、热量等。

植物生长发育必需的16种营养元素，碳、氢、氧元素来自大气中的二氧化碳和水，其余元素均来自于土壤。土壤养分来自于土壤矿物质风化所释放的养分、土壤有机质分解释放的养分、土壤微生物的固氮作用、植物根系对养分的聚集作用、大气降水中的养分、施用的肥料。由此可以看出，土壤自身、土壤中的物质、雨水、施肥，都是增加土壤肥力的有效方法。

土壤的含水量，即土壤的湿度，在野外通常用手来判断。含水量分为4级。①湿。用手挤压时水能从土壤中流出。②潮。放在手上留下湿的痕迹可搓成土球或条，但无水流出。③润。放在手上有凉润的感觉，用手压稍留下印痕。④干。放在手上无凉润感觉，黏土成为硬块。

五、果园土壤的改良

果园土壤因耕层浅、结构不良、肥力低、有机质含量少、酸碱度不宜而导致果树生长不良，应加强土、肥、水的管理，采用深翻施肥、日常管理等办法改良土壤。

1. 深翻施肥 深翻和施有机肥相结合，是改良土壤应用最广泛的措施。土壤板结、通气不良，即使在肥水充足时，仍然会导致树体发育不良、落叶、出现缺素症等，究其原因在于果树根系缺氧，需要深翻土壤，增强土壤的通气性、透水性、保水力，增加土壤微生物数量，使难溶性营养物质转化为可溶性养分，提高土壤熟化程度和肥力。深翻改土必须掌握3个要素：深度到位、有机肥施足、肥料与土要充分混合。

深翻的深度主要根据果树的根系发育特点确定。李树是浅根性果树，根系集中分布在20～40厘米的土层内，水分少的地区，根系分布更深一些；根系水平分布广度是树冠广度的1～2倍。因此，深翻的深度应在40～50厘米。深翻时，要将有机肥与挖出的土充分混合。在深翻的过程中，将表层土与底层土分开堆放，回填时，首先将表层土的少部分回填入深挖的沟底，作为承接土承接养分和水分。将余下的表土，不够用时，将行间的表土取来，与有机肥充分混合后填入20～40厘米沟中，这是李树根系集中分布层，施入的肥料能够最大限度地被吸收，最后填入底层土。

单纯深翻土壤作用不大，必须在深翻的同时增施有机肥，使土壤大量积累腐殖质，形成团粒结构，增强土壤的蓄水保肥能力，改善土壤的通气性、热状况，达到全面提高土壤肥力的目的。有机肥的施用量，要根据培肥目标确定。深翻改土的最佳时期在初秋，8月中旬至9月中旬，这时候是李树根系生长的又一个高峰期，此时改土相当于施秋肥，促进根系的生长和发育。深翻改土有扩穴深翻、隔行或隔株深翻、全园深翻3种方法。

（1）*扩穴深翻*。建园时，挖的定植穴的直径为1米，幼树定植成活后，从定植穴的外缘每年向外扩展60～100厘米，深翻50厘米，按照深翻的3个要素进行，全园翻完，需要4年左右。

（2）*隔行或隔株深翻*。这种方法对根的损伤较少，对果树的生长有利。当年每隔一行或列深翻，翌年在余下的另一行或列上深翻，分2次进行。

（3）*全园深翻*。除树盘下的土壤不翻外，一次全面深翻完毕。

深翻改土时，配合施用有机肥，效果持续久。如果施化肥，有机肥只是在地面撒施浅耙，或冲施，这种改土效应只能持续3～5年，最终果树不结果或结果少。

2. 土壤的日常管理

（1）*清耕法*。清耕法是指果园内不种作物，常耕常锄，保持土壤疏松，园内无杂草。长期采用这种方法，会导致土壤有机质迅速减少，土壤结构遭到破坏，影响果树的生长发育。不宜长期使用。

（2）*间作法*。这种耕作法是指在果树的行间种植农作物。一般在果树幼龄期间进行，此时果树没长大，行间光照较好，通过间作增加收益，弥补管理经费，秸秆还可作肥料返田。

可供选择的间作植物较多，在春季种大豆、花生、绿豆、豇豆、甘薯等，在冬季种植绿肥、蔬菜（如萝卜、豌豆、胡豆）等。常用的绿肥种类有毛叶苕子、紫穗槐、草木樨、田菁、沙打旺等。豆科绿肥作物固氮作用大，翻压分解后可增加耕作层的养分含量。

（3）*覆盖法*。覆盖法是在树冠下或株间覆盖作物秸秆或杂草的方法，多进行树盘或行内覆盖，也可进行全园覆盖。覆盖的厚度为15～20厘米，覆盖时应铺紧踩实，压土防吹散、失火，对于有缺漏的地方，每年应续补。对于腐烂了的覆盖物，随同施肥一起翻入土壤，保留没腐烂的继续覆盖。

覆盖的优点较多，一是保水，二是遮挡夏季阳光暴晒致使土温过高，三是覆盖物本身腐烂后增加表层土壤的有机质和养分，四是有效控制杂草的生长。连覆

3年后，在第3年的秋季将覆盖物全部翻入土壤，在第4年重新覆盖。

（4）*生草法*。生草法是指在果园行间播种禾本科、豆科等草种，生草的个体密实，根系固着土壤，降雨时能作为输送雨水通道，避免在地面形成径流，防止水土流失，起到改善土壤理化性状的作用。生草的种类较多，一般选择豆科类植物，生草割后，散撒于果园覆盖土壤，也可用作饲料造肥还田。如狗牙根、马唐、狗尾草、百脉根草、三叶草等。

为避免杂草与果树争肥，在幼树和初果期，离树1米建生草带，盛果期在行间可种植生草。种植后，要适时刈割，根据长势每年割2～4次，割下后让其就地腐烂，或用作覆草，在秋季施肥时将没有腐烂的草与有机肥一起施入土中。

（5）*覆膜法*。覆膜法是用透明的地膜覆盖在果树盘或行间的一种方法，具有稳定地温、保持水分、提高幼树成活率、增加土壤养分、促进根系生长、防止杂草生长等作用。

第二节 肥 料

果树的施肥，既关系到产量，也关系到质量。因而肥料的施用要遵循科学，结合实践经验因地制宜地进行。

一、果树施肥的误区

1. 施氮肥影响果品 20世纪的80年代，笔者在大溪乡工作时，曾听当地果农说，水果不能施尿素，施尿素的水果酸味重，要多施磷钾肥。

正确的方法是氮磷钾肥应当按比例施用，不可过多或过少。果树出现氮营养不足，叶片变小，光合作用弱，叶片提前在夏末变红；磷含量过高则影响了果实的糖分积累，不利于花青素的积累，果实着色差；钾含量过高影响树体对钙、镁、氨态氮的吸收。

2. 不施有机肥 由于化肥具有高养分含量和速效性，在农业生产中效果明显，使用的量不断增加，因有机肥的量少，一般用于粮食生产上，而没有用到果树上。科学检测证明，有机肥可提高果实的可溶性固形物、维生素C的含量，能增加果实的香气，因而有机肥对果品质量有着重要的作用。

二、肥料的种类

肥料分为无机肥料（化学肥料）和有机肥料两类。

1. 化学肥料 化学肥料简称化肥，与有机肥料相对，又称为无机肥料，是将矿石用化学方法加工而成的肥料，包括氮肥、磷肥、钾肥、微量元素肥（微肥）、复合肥。

（1）常用化学肥料。氮肥有碳酸氢铵、尿素、硫酸铵、氯化铵、硝酸钙。磷肥有过磷酸钙、重过磷酸钙、钙镁磷肥、钢渣磷肥、脱氟磷肥、沉淀磷肥、偏磷酸钙、磷矿粉、骨粉。钾肥有氯化钾、硫酸钾（图 27）、草木灰。

图 27 硫酸钾复合肥外包装（左）及颗粒状肥料（右）

微量元素肥料是指氮磷钾之外，作物生长发育必需的锌、硼、钼、锰、铁、铜 6 种元素，因作物对这些元素的绝对需要量极小，而被称为微量元素。具有 1 种或几种微量元素的肥料称为微量元素肥料，简称微肥。锌肥：硫酸锌、氧化锌、氯化锌、碳酸锌。硼肥：硼酸、硼砂、硼镁肥、硼泥。钼肥：钼酸铵、钼酸钠、氧化钼、含钼矿渣。锰肥：硫酸锰、氯化锰、氧化锰、碳酸锰。铁肥：硫酸亚铁、硫酸亚铁铵。铜肥：五水硫酸铜、一水硫酸铜、氧化铜、氧化亚铜、硫化铜。

复合肥料是指氮、磷、钾 3 种养分中至少有 2 种养分制成的肥料。常见的有二元复合肥和三元复合肥。二元复合肥：磷酸铵、硝酸磷肥、磷酸二氢钾、硝酸钾。三元复合肥：硝磷钾肥、硝铵磷肥、磷酸钾铵。

（2）化学肥料的混合使用。化学肥料之间的混合使用，有可以混合、暂时混合、不能混合三种情况（表 5）。

2. 有机肥料 有机肥料分为农家肥和商品有机肥。农家肥一般是指农村就地取材、就地积制、就地施用的自然肥料，农家肥包括粪尿肥、堆沤肥、绿肥、杂肥。将农家肥经过生产加工工艺制成的有机肥称为商品有机肥。

表 5　化学肥料混用表

		1	2	3	4	5	6	7	8	9	10	11
1	硫酸铵											
2	碳酸氢铵	不										
3	尿素	可	不									
4	氯化铵	可	不	可								
5	过磷酸钙	可	可	可	可							
6	钙镁磷肥	暂	不	可	不	不						
7	磷矿粉	可	不	可	可	暂	可					
8	硫酸钾	可	不	可	可	可	可	可				
9	氯化钾	可	不	可	可	可	可	可	可			
10	磷铵	可	不	可	可	可	不	不	可	可		
11	硝酸磷肥	暂	不	暂	暂	暂	不	暂	暂	暂	可	
		硫酸铵	碳酸氢铵	尿素	氯化铵	过磷酸钙	钙镁磷肥	磷矿粉	硫酸钾	氯化钾	磷铵	硝酸磷肥

注：表中“可”表示可以混合，“不”表示不可以混合，“暂”表示可以暂时混合但不宜久置

（1）粪尿肥。包括人粪尿、家畜粪尿、厩肥。厩肥是以家畜粪尿为主的圈肥，含各类垫圈的材料，如土、秸秆、草等，也包含饲料残渣。厩肥应在腐熟后使用。

（2）堆沤肥。包括堆肥、沤肥、沼气池肥，它们都是以秸秆、杂草、树叶、绿肥、塘泥、垃圾等为原料，添加一定量的粪尿、禽粪、泥土等积制而成的有机肥料。秸秆直接还田可以直接提供植物的养分，有利于提高土壤的有机质含量，改善土壤的结构。

（3）绿肥。是将栽培或野生植物的植物体用作肥料，称为绿肥。

（4）杂肥。包括泥炭肥料、腐殖质酸类肥料、饼肥、菇渣、城市有机废弃物等，这些肥料经过无害化处理后可以用作基肥。

（5）商品有机肥。是以各种动物粪便、动物加工废弃物，植物残体如饼肥、作物秸秆、落叶、枯枝、草炭等为主要原料，采用物理、化学、生物处理技术，经过堆制、高温、厌氧等加工工艺技术，消除其中的有害物质，达到无害化标准后形成的、符合国家标准的销售肥料。根据加工和养分组成情况，又分为精制有机肥、有机复混肥、生物有机肥。精制有机肥是纯粹的有机肥。有机复合肥既含有机质又含有适量化肥的复合肥。生物有机肥是用特定功能微生物与动、植物残体如畜禽粪便、农作物秸秆等为主要原料经无害化处理后腐熟而成的有机肥，兼具微生物肥料和有机肥效应的复合肥。商品有机肥在施用前期作用明显，后期显

示底肥不足，应注意合理利用。

三、平衡施肥技术

平衡施肥技术是完美解决土壤中肥料问题的最佳技术，它解决的是土壤中需要什么肥料、需要多少肥料、如何发挥肥料的效益等问题。通过平衡施肥技术的把握，进一步明确果树的营养特性与施肥的关系、土壤肥力与肥料的基本性质，达到果树高产、高效，果品优质的目的。

（一）果树营养特性与施肥原理

1. 果树的营养元素 营养元素是指果树中不可缺少的化学元素，缺少某元素时，果树便显现出相应的症状，这种症状称为缺素症。通俗地说，这棵树缺营养。

植物生长发育所必需的营养元素有 16 种：碳（C）、氢（H）、氧（O）、氮（N）、磷（P）、钾（K）、钙（Ca）、镁（Mg）、硫（S）、铁（Fe）、锰（Mn）、硼（B）、铜（Cu）、锌（Zn）、钼（Mo）、氯（Cl）。其中的碳、氢、氧 3 种营养元素来自空气和水分，氮和其他元素主要来自土壤。氮、磷、钾称为肥料三要素，是植物需要量最多、果实收获后带走较多的营养元素，易导致土壤中这三类元素含量较少。但仅凭土壤中含量较少来断定果树缺少某营养元素是不准确的，因为果树为多年生木本植物，树体内有大量的营养贮藏，土壤中缺少某营养元素，树体能维持它的正常需要，因而不能简单地以土壤营养元素含量确定树体的营养。

2. 果树营养吸收的关键期 在果树生长发育期间，对养分的吸收既有连续性，也有阶段性，这之间有两个关键时期，一个是果树营养的临界期，另一个是果树营养的最大效率期。

果树营养的临界期是指果树生长的早期过程中，其中一个时期对某种养分要求在绝对数量上不多，但却很敏感，表现为迫切需要，缺少了这种养分，果树的生长发育和产量都会受到严重影响，甚至造成难以纠正和无法弥补的严重损失。

果树营养的最大效率期是指果树在生长旺盛时期，或在营养生长与生殖生长并进时期，果树生长量大，需要养分的绝对数量最多，吸收速率最快，对施肥反应最为明显，肥料的作用最大，增产效率最高，这个时期称为果树的营养最大效率期。

可见，把握好这两个时期是果树生长发育和提高效益的关键时期。如何把握施肥的关键时期呢？一是早秋，在落叶后、上冻前的 15 天施足基肥，增加树体的营养贮藏、树液浓度，保证树体安全越冬；二是在果实硬核前追施一次。

3. 施肥原理 果树生长发育所需的各种营养元素之间是有一定比例的，各占有一定的量，作用各不相同，缺一不可，在实际生产中缺什么补什么。补施时，也不是乱施，而是按比例要求确定数量，过量则会破坏营养平衡，影响果树对其他营养的吸收，降低产量和品质，污染环境，危害人体。而有机肥培肥土壤和提高果品质量的作用是化肥不具备的，化肥养分含量高、肥效快的特点也是有机肥不具备的，在生产实践中，常把二者的优点结合起来。

有机肥对化肥的养分还具有保护作用，能提高化肥的肥效、延长肥效期、活化土壤中被固定了的磷等营养元素。

有机肥包括畜禽粪便、秸秆、秸秆堆肥、绿肥、饼肥、沼气肥、人粪尿、腐殖酸类（如草炭和褐煤）等。畜禽粪便类以猪、牛、羊粪为最好，鸡粪腐熟后含氮量为1.4%、磷2.0%、钾1.7%，含磷量最高，氮最少，如果大量施用鸡粪，果品质量将变差。人粪尿是以氮为主的有机肥，需要与其他有机肥混合堆腐后使用，最佳原料是与秸秆混合堆腐。腐殖酸类一般不单独施用，草炭与化肥混合能提高化肥的利用率，褐煤在使用前要进行激活处理，使腐殖酸游离出来后与化肥混合使用，才能起到延长肥效期的作用。生物有机复合肥的有机质含量以选择>25%的为佳，它是沙地土壤的最好接种材料。菌肥的施用，必须土壤有机质含量较高，要有一定的肥力，与秸秆等有机物质同时施入，否则无效。

在有机李的栽培中，一般不施化肥，只施有机肥。有机肥通过一定时间堆沤发酵后，还要进行无害化处理。堆沤发酵过程可以添加自然界的微生物，不得添加转基因微生物。天然矿物肥料和生物肥料不得作为循环的替代物，只能作为长效肥料并保持其天然组分，禁止采用化学方法来提高矿物肥料的溶解性。

4. 果树营养失调的诊断 果树营养失调通常表现在叶色、组织坏死、株型异常、器官畸变、潜在性缺乏等方面。营养失调的诊断方法有形态诊断、树体化学诊断、土壤化学诊断、测试施肥诊断。各类诊断方法各有长短，需综合运用。

（1）形态诊断。形态诊断是根据果树形态症状表现、出现部位，对缺乏或过量元素的推断。这种方法凭视觉判断，简单直观，不需要仪器，但缺点较多，误诊、已成定局，这种诊断对当季果树管理意义不大。

（2）树体化学诊断。这类方法是采用仪器进行全量分析或简易速测，全量分析费工费时，只能在实验室进行，田间速测诊断局限于氮、磷、钾等大量元素的测试，而对微量元素难以测定。

（3）土壤化学诊断。这种方法是对土壤养分含量与标准含量比较进行的判断，是营养诊断中的重要手段。为达到准确无误，通常与树体化学诊断相结合使用。

（4）测试施肥诊断。是在怀疑的基础上，施用相对应的肥料进行测试的方法。这种测试方法有两种，一是根外施肥诊断，二是土壤施肥诊断。根外施肥诊断是通过对叶面喷洒、涂布、叶脉浸渍注射等，是使用较多的一种方法。土壤施肥诊断是将测试肥料施于果树根部附近的土壤中，与施肥前对照作出判断。这种方法不适用于不易见效的铁元素缺失测试。

在诊断实践中，叶片诊断所反映出来的果树营养状况比土壤诊断反映的果树营养状况更准确，因而在诊断实践中，首先进行叶片的营养分析，再结合土壤诊断，才能制订土壤管理和施肥计划措施。

叶片诊断时，样品取自树冠外围新梢中部的成熟叶片，取样时间在7月为宜。土壤诊断采样在春季进行较准确，如果与叶片取样时间相同，则会产生分析时较低的状况。

丰产李树叶片主要营养元素适宜含量参考量：氮2.4%～3.0%，磷0.14%～0.25%，钾1.6%～3.0%，镁0.3%～0.8%，钙1.5%～3.0%（表6），也含有微量的硫、锰、硼、铁、锌、铜、钼等元素（表7）。

表6　土壤有机质及大量元素养分含量分级标准

级别	有机质/%	全氮（N）/%	碱解氮/（毫克/千克）	全磷（P_2O_5）/%	速效磷(P)/（毫克/千克）	全钾(K_2O)/（毫克/千克）	速效钾(K)/（毫克/千克）
丰	>4	>0.2	>150	>0.1	>40	>2.5	>200
较丰	3～4	0.15～0.2	120～150	0.081～0.1	20～40	2.01～2.5	150～200
中	2～3	0.1～0.15	90～120	0.06～0.08	10～20	1.51～2.0	100～150
较缺	1～2	0.075～0.1	60～90	0.41～0.06	5～10	1.01～1.50	50～100
缺	0.6～1	0.05～0.075	30～60	0.02～0.04	3～5	0.05～1.0	30～50
极缺	<0.6	<0.05	<30	<0.02	<3	<0.05	<30

表7　土壤有效态微量元素含量分级标准（毫克/千克）

级别	硼	钼	锰	锌	铜	铁
极丰	>2	>3.0	>30	>3.0	>1.8	>20
丰	1.1～2.0	0.21～0.3	16～30	1.1～3.0	1.1～1.8	11～20
中	0.5～1.0	0.16～0.2	5.1～15	0.51～1.0	0.21～1.0	4.6～10
缺	0.2～0.5	0.11～0.15	1.1～5.0	0.31～0.5	0.11～0.20	2.6～4.5
极缺	<0.2	<0.1	<1.0	<0.3	<0.1	<2.5

5. 果树缺素症的直观判断 果树缺素症的直观判断依据是营养元素在树体内的移动性和出现在树体的部位，移动性较大的有氮、磷、钾、镁等元素，它们易于从老叶向新叶中移动，导致老叶缺素，进而可以知道这类元素的缺乏都是发生在树体下部的老熟叶片上。铁、钙、硼、锌、铜等元素在树体内不易移动，缺素症的表现首先表现在新生芽、叶中。

（1）缺氮症。氮是移动性较大的元素，从下部老叶开始均匀失绿，逐步向上部叶片扩展，严重时叶片呈淡黄色并提早落叶。根系缺氮相比正常根系，根量少，颜色苍白细长。花果缺氮数量少，籽粒小不饱满，易早衰至成熟期提前。树势生长受到抑制，影响结果和果品。

（2）缺磷症。磷是移动性较大的元素，缺素从下部老叶开始逐步向上部叶片扩展，轻微缺磷时症状不明显，但影响产量和质量，中度缺乏时表现为叶片小、色暗绿、无光泽或呈紫红色，严重时叶片枯死脱落。树体生长缓慢、矮小、直立、分枝少。果实小、不充实。

（3）缺钾症。下部老叶叶缘发黄、变褐，进而焦枯；叶片上出现褐色斑点或斑块，叶中部及靠近叶脉处仍然保持绿色，随着缺钾加重，整个叶片变为红棕色或干枯状，坏死脱落。缺钾易造成根系早衰，短而少，严重时腐烂。

（4）缺镁症。主要表现在叶片。镁的移动性，使其症状首先出现在中下部叶片，然后逐步向上发展。镁是叶绿素的组成成分，缺美时，叶片表现为失绿，始于叶尖端、叶缘的脉间色泽变淡，再由淡绿变黄，逐渐向叶基部和中央扩展。叶脉仍然保持绿色，在叶片上形成清晰的网状脉纹，严重时叶片枯萎、脱落。

（5）缺硫症。叶片缺硫与缺氮症相似，失绿和黄化明显，但部位不同，氮属移动性较大的元素，是从老叶开始，而缺硫症是在树的顶部叶片失绿和黄化，有时出现紫色斑块，极度缺硫时，出现棕色斑点。一般症状表现为叶细小，叶片向上卷曲、变硬、易碎，提前脱落。树体矮小，茎生长受阻、僵直，开花迟，结果少。

（6）缺钙症。症状首先表现在幼叶、茎、根上，轻微表现为凋萎，重症表现为生长点坏死。叶片皱缩，边缘向下或向前卷曲，叶尖呈弯钩状。新叶抽出困难，叶尖相互粘连，有时叶缘出现不规则的锯齿状，叶尖和叶缘发黄或焦枯坏死。树体矮小，早衰、倒伏，不结果或少结果。

（7）缺硼症。缺硼的症状主要表现在根尖、茎等生长点上，症状为停止生长，严重时生长点萎缩死亡，侧芽大量发生，树体出现畸形。根尖表现为死亡后又长侧根，侧根再次死亡后，根系出现短茬根。开花不结实，即使结实也是不饱满，严重时只现蕾不开花。叶片表现为肥厚、粗糙、发皱、卷曲，似失水般凋萎，出现失绿的紫色斑块，叶柄变粗。茎变粗、厚，或开裂，茎基部膨大。枝扭曲畸形。

（8）缺铜症。树体瘦弱。新生叶失绿发黄，凋萎干枯。叶尖发白卷曲，叶缘黄灰色，叶片上出现坏死斑点。分蘖多、侧芽多，呈丛生状。繁殖器官的发育受阻，开花不结实，或只现蕾不开花。

（9）缺钼症。缺钼症表现在叶片上。首先表现在老叶上，新叶在相当长的时间内表现正常。脉间叶色变淡、发黄，与缺氮和缺硫症状相似，但缺钼时叶片易出现斑点，边缘发生焦枯向内卷曲，失水而萎蔫。定型的叶片出现尖端灰色、褐色或坏死斑点，叶柄、叶脉干枯。

（10）缺铁症。缺铁症首先表现在幼叶上，幼叶缺绿呈现黄白化，叶面均匀失绿，叶脉仍然保持绿色，呈现清晰的绿色网状，严重时叶片呈淡黄、发白，与缺锰相似，但相比缺锰，无坏死斑点。

（11）缺锌症。叶片缺锌，叶小呈簇生状，叶面两侧有斑点。树体矮小，节间短，开花结果推迟。

（12）缺锰症。缺锰的树体有硝酸盐积累，幼叶脉间组织逐渐变黄，叶脉保持绿色，呈现黄绿相间条纹，叶片则出现黄褐色斑点，弯曲下披。

6. 产生缺素症的原因及预防措施

（1）缺素症产生的原因。产生缺素症的原因是多方面的。有来自于土壤的，比如土壤贫瘠，总养分含量低；土壤偏酸或偏碱，养分的有效性低；土壤低温干旱导致养分分解利用难、雨水过大导致养分流失。有来自于施肥不当造成的，如某类元素肥料施用量过大，使树体发生生理障碍，诱发缺素症。

（2）缺素症的预防。对于缺素症的预防，主要从以下几方面入手。

①有机肥和化学肥配合使用。以有机肥为主，适当施用复合肥，选用养分单一的化肥，配合使用，调节土壤养分。

②调节土壤的酸碱度，使其保持平衡。在偏酸的土壤中施石灰，在偏碱土壤中施石膏、硫酸亚铁，或含腐殖酸的有机肥、无机复合肥以改良土壤。

③改良土壤质地和不良结构。

④测土施肥。这种方法特别适于土壤中元素过量而诱发的缺素症。科学施肥是测土施肥的核心，科学施肥的目的是调节果树营养、提高土壤肥力、促进果树高产。

（二）平衡施肥技术

平衡施肥技术是正确的施肥时期、合理的施肥方法、适宜的施肥量及养分分配比例等技术的综合应用。不同的施肥时期，有不同的名称，一般有基肥、种肥、追肥 3 个时期。

1. 基肥 又称为底肥，是在栽培前或者越冬前（秋施）进行的一次施肥，施肥的方法是利用定植穴挖出的土壤或越冬翻耕出的土壤，掺入肥料回填。基肥一般使用腐熟或半腐熟有机肥料为主，配以适量的化学肥料。基肥的作用很大，一是改善土壤肥力，二是供给果树充分的养分，使其正常生长。

2. 种肥 是指育苗播种或栽培定植时使用的肥料，一般选用腐熟有机肥或速效化肥、菌肥等。但浓度过大、过酸或过碱、吸湿性强、溶解时产生高温、含有毒副成分的肥料不宜作种肥。

3. 追肥 在果树或果实生长发育期间施用的肥料称为追肥。一般多用肥效快的化肥和腐熟良好的有机肥。以性质稳定的尿素作为氮肥施用较为适宜。如果基肥中施有磷肥，可不追施磷肥，如出现缺磷症，则用过磷酸钙或重过磷酸钙补救。微肥使用，要根据果实生长发育阶段具体实施。

（三）施肥量

施肥量的确定，是施肥技术的核心，方法包括土壤与植物测试推荐施肥法、养分平衡法、肥料效应函数法、土壤养分丰缺指标法。这些方法，都需要通过科学测定，在普通果园中达不到这类条件，一般是通过 3～6 年的试验得出适宜的量。由于品种、树龄、立地条件的不同，施肥量也不尽相同，因而要根据果园树体的不同条件，在长期观察试验的基础上，对施肥量做出相应的调整。

（四）施肥时间

以有机肥为主的，1 年只需要 1 次即可，用肥量必须足以维持果树 1 年的需要量。这个时间把握在初秋，即 8 月中旬至 9 月中旬，9 月至翌年 4 月为前期营养期间，5 月至 8 月为果树的后期营养期间。李树的前期营养期间，正是果实采收结束，树体处于营养恢复期，由于有机肥施入土壤后需要 15～20 天才能发挥作用，因而施肥时间提前到 8 月中下旬，把握住 9 月的前期营养需要时机，为翌年的丰收做好准备。

如果 1 年施两次肥，第 1 次施肥在初秋，第 2 次施肥则在果实硬核前，时间把握在 5 月末至 6 月初。1 年施两次肥是将 1 年施 1 次肥的量，用在两次施用，即初秋施 70%，硬核期施 30%。在两次施肥中，磷肥全部用于秋施，不可在其他时间施用，有机肥和钾肥可分两次施用。

（五）施肥方法

施肥的方法有两种，土壤施肥和树体施肥。

1. 土壤施肥 分为撒施、条施、穴施、分层施、环状和放射状施。

（1）撒施。适用于基肥和追肥，把肥料均匀地撒在地表，然后把肥料翻入土中。如有机肥作基肥时，一般采用这种方法。

（2）条施。适用于肥料较少的情况下的基肥和追肥，即在田内开沟，施入肥料后填土。

（3）穴施。在栽植前将肥料施在穴中，再栽植覆土。此法在前面已作过介绍。穴施的优点多，一是施肥集中，用肥量少；二是增产效果大。

（4）分层施。将肥料按不同的比例施入土壤的不同层次。

（5）环状施。环状施肥是在树冠外围垂直地面上挖一环状沟，深、宽各30～60厘米，施肥后覆土踏实，来年再施肥时，在第1年的施肥沟外侧再挖沟施肥，逐年扩大施肥范围（图28）。

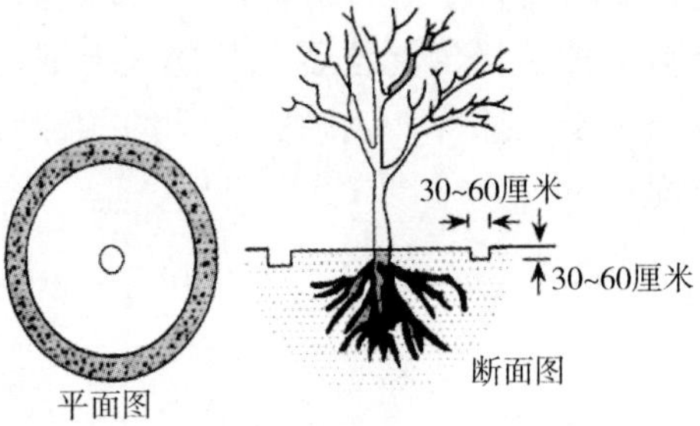

图28　环状施肥（引自薄润香《平衡施肥技术》）

（6）放射状施。在距树体一定距离处，以树干为中心，向树冠外围挖4～8条放射状直沟，沟深、宽各50厘米，沟长与树冠相齐，来年再在没有施肥的交错位置挖沟施肥（图29）。

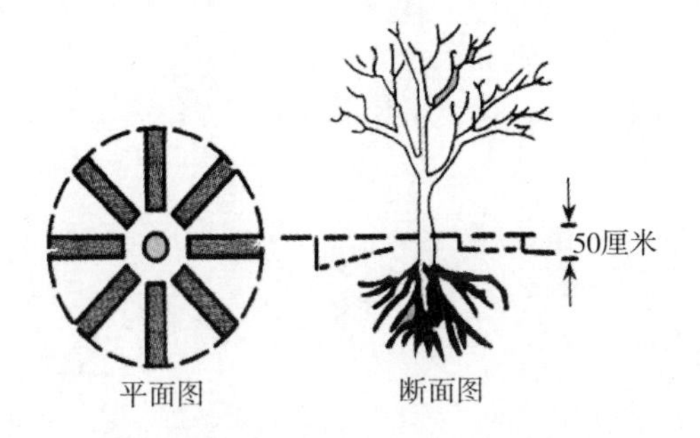

图29　放射状施肥（引自薄润香《平衡施肥技术》）

2. 树体施肥　方法有叶面喷施、注射施肥、打洞填埋、蘸根、种子施肥5种。

（1）叶面喷施。将肥料配成一定浓度的溶液，喷洒在叶面上，供树体吸收。叶面喷施是微量元素施用的主要形式，也是大量元素施用的补充形式。

（2）注射施肥。是在树体、根、茎部打孔，打孔深度为主干直径的 2/3，将营养液通过树体导管输送到树体各部位。又分为滴注和强力注射。滴注是将装有营养液的滴注袋垂直悬挂在距地面 1.5 米左右的树杈上，排除管道中的气体，将滴注针头插入预先打好的孔中。强力注射是利用踏板喷雾器加压注射，注射结束后注孔用干树枝塞紧，与树皮剪平，堆土保护注孔。

（3）打洞填埋。其方法是在果树主干上打洞，将固体肥料填埋于洞中，然后封闭洞口。该方法主要用于施用微量元素。

（4）蘸根。在移栽时，将所需要的营养元素配制成一定浓度的悬浊液，浸蘸根部后定植。

（5）种子施肥。是将肥料与种子混合进行的一种施肥方法，分为拌种、浸种和盖种肥。拌种是将肥料与种子均匀混合后一起播入土壤；浸种是用肥料溶液浸泡种子一定时间后，取出晾干后播种；盖种肥是开沟播种后，用充分腐熟的有机肥或草木灰盖在种子上面。

第四章

病虫害防治

第一节 病　害

一、流胶病

［症状］李树流胶是一种十分普遍的病害，严重时可导致产量降低、结果期缩短，甚至影响果树的寿命，10 余年时间就会死亡。流胶病雨季发病重，主要表现在主干、枝干和果实上。被害枝干皮层呈疱状隆起，然后陆续流出透明柔软的树胶，与空气接触氧化后变成红褐色、茶褐色，干燥后成硬质琥珀状胶块（图 30，图 31），病部皮层和木质部变褐腐烂坏死，至树势衰弱，枝干或树体枯死。

图 30　脆红李果实流胶

图 31　琥珀色流胶

［病因］流胶病主要危害大龄树，在桃、梅、葡萄上也常有发生，是由葡萄

座腔菌引起的传染性病害。葡萄座腔菌在树干、树枝的染病组织中越冬，翌年 3 月下旬至 4 月中旬开始散发分生孢子，随气流、降雨滴溅传播，从树干、枝皮孔或伤口侵入树皮，5～6 月为侵染高峰，9 月下旬至 10 月中旬侵染逐渐停止进入冬眠状态。

[防治方法] 一是防止土壤积水，保持土壤疏松，促进根系生长，增强树体免疫力。二是防止天牛等危害树干及树枝。三是防止日灼裂皮或人为损伤裂皮。四是进行化学防治，在 5～6 月，用 12.5%烯唑醇可湿性粉剂 2 000～2 500 倍液或 45%咪鲜胺水剂 500 倍液喷施，每 15 天喷施 1 次，连喷 4 次，以树体全面覆盖直到湿透为止。

二、红点病

红点病别名红肿病，属真菌侵染性病害。

[症状] 该病侵害的是叶片和果实，导致早期落叶减产。叶片染病初期，叶面上生出许多橙黄色、略隆起、边缘清晰的圆形斑点，随后病斑扩大，颜色加深，病部叶肉增厚，产生深红色小粒点，秋末转为红黑色，正面凹陷，背部凸起，叶片卷曲，出现黑色小粒点。果实红点病表现为隆起、边缘不清晰的橙红色圆斑，最后呈红黑色。远看叶片、果实上散生许多深红色小粒点（图 32、图 33）。

图 32 红点病初期橙黄色斑点

[病因] 红点病菌在病叶上越冬，第2年开花末期借风雨传播。从展叶盛期到9月发生，雨季更为严重。

图33 巫山野生李9月初红点病

[防治方法] 一是增强树势，提高树体的免疫力。对病叶、病果集中烧毁处理。二是化学防治，在开花末期至展叶期，喷施1∶2∶200倍式波尔多液，或50%琥胶肥酸铜可湿性粉剂100～200倍液，或14%络氨铜水300倍液；谢花至幼果膨大期连续喷施65%代森锌可湿性粉剂500～600倍液＋50%多菌灵可湿性粉剂500倍液，可有效防治该病。

三、细菌性穿孔病

细菌性穿孔病又称黑斑病、细菌性溃疡病，是黄单孢杆菌侵染引起的细菌性穿孔，该细菌侵染枝干、叶片、果实，一旦发生，对李、杏、桃、梅和樱桃等果树都能引起交叉侵染。

[症状] 叶片受到侵害时，初期表现为多角状水渍状小点，然后形成圆形或不规则状紫褐色病斑，边缘水渍状，有黄绿色晕环，背面在空气湿润时有黏膜状菌脓，最后水渍状边缘消失，病斑干枯，病斑边缘与健康组织交界处产生一圈裂纹，病死组织脱落，形成直径0.5～5毫米的穿孔。果实受到侵染时，先在果皮上产生水渍状小点，后病斑中心变青褐色，最终形成近似圆形、暗紫色、边缘具水渍状的晕环，中间略凹陷，表面有粗糙、硬化的病斑，空气干燥时，病部发生裂纹，病果提前脱落。枝条感染，初期形成水渍状小点，逐步扩大形成褐色斑点，伴有流胶出现，然后形成梭形或长圆形病斑，病部凹陷，病部皮层、木质部变褐坏死，边缘呈黄色晕圈，常造成感病枝条枯死。

[病因] 病菌在引起溃疡的病斑等枝条病组织内越冬，在春季气温升高时，潜伏在病组织内的细菌开始活动，李树开花的前后，病斑组织破裂，病菌溢出，通过风、雨或昆虫传播，由叶片的气孔、枝条、果实的皮孔侵入内部组织。温暖、多雨或重雾的天气，容易造成病害流行。树势衰弱、通风透光不良或偏施氮肥的李园发病较严重。

[防治方法] 一是通过技术手段增强树体的免疫力，结合冬季修剪，清除枯枝、病枝、落叶集中烧毁，可以消灭部分越冬菌源。细菌性穿孔病是一种侵染期

长、发病周期短、流行速度快的毁灭性病害，有病害产生后，应加快淘汰、更换品种，选用抗病力强的品种。

二是采用化学手段，喷施药剂进行防治。在萌芽前，铲除溃疡部越冬菌源，全树均匀喷布4～5波美度石硫合剂，或1∶1∶100倍式波尔多液。当80%的新梢长到3～5厘米时，用25%叶青双可湿性粉剂600倍液，或可杀得1 000倍液，或绿乳铜800倍液交叉喷雾，每7～10天防治1次。

四、穿孔性叶点病

又称斑点病，是叶点霉真菌侵染性病害，是发生较普遍的一种病害。

[症状] 病菌侵染叶片和果实。叶片受侵染后，病斑呈圆形，先为褐色后为灰褐色，逐渐脱落成穿孔。果实受侵染后，形成淡褐色圆形斑点，不扩展。受真菌侵染的叶片或果实，在后期显现为小黑点，这是病菌的分生孢子器。

[病因] 由于病菌是在落叶中越冬，在翌年的4～5月产生分生孢子随风雨传播，侵染叶片。

[防治方法] 一是农业防治，清扫落叶，集中烧毁或深埋。二是化学防治，在花芽萌动前，全树均匀喷布3～5波美度石硫合剂。谢花后每隔10～14天喷1次杀菌剂，直到采收。杀菌剂有50%多菌灵可湿性粉剂600倍液、70%甲基硫菌灵可湿性粉剂700倍液。

五、褐斑穿孔病

又名褐斑病，是核果穿孔叶点菌侵染所致，为真菌性病害。

[症状] 危害叶片、新梢、果实。叶片染病初期呈圆形或近圆形病斑，边缘紫色，略显环纹；后期病斑上长出灰褐色霉状物，中部干枯脱落形成穿孔，孔的边缘整齐，穿孔多时叶片脱落。新梢、果实受病菌侵染后与叶片表现相似。

[病因] 该菌以菌丝体在病叶或枝梢病组织内越冬，翌年春天气温回升，降雨后产生分生孢子，通过风雨传播侵染叶片、新梢和果实。

[防治方法] 一是农业防治，加强果园管理，增强树势，提高免疫力。二是化学防治，落花后用70%代森锰锌可湿性粉剂500～600倍液喷洒，7～10天再喷洒1次。发病初期用70%甲基硫菌灵超微可湿性粉剂1 000倍液+75%百菌清可湿性粉剂700～800倍液喷施，间隔7～10天喷施1次，共4次。

六、腐烂病

又名干枯病、烂皮病，为核果黑腐皮壳和核果壳囊孢真菌侵染所致的病害。

［症状］主要危害主干和主枝，致使树皮腐烂、枝枯树死。发病时间为早春到晚秋，以早春发病最快。枝干侵染后，病部初期皮层稍肿，略带紫红色伴米粒大流胶，按压下陷，轮廓呈长椭圆形，最后皮层呈褐色枯死，皮下组织呈黄褐色湿润腐烂，有酒糟味，表面有黑色突起小粒点；后期病斑失水干缩凹陷，表面密布许多灰白色小点，是病原菌的子座。病害较重时，有多个病斑相连成片，随后深达木质部，当病斑扩展环绕树干一周时，枝干枯死或树体死亡。

［病因］病菌以菌丝体、子囊壳、分生孢子器在病部越冬，翌年通过雨水将孢子溶解出来，借风雨、昆虫传播，从枝干的伤口、皮孔、枯死部分侵入，导致树皮开裂，大量流胶。

［防治方法］一是农业防治，加强果园管理，增强树势提高免疫力。二是化学防治，在春季萌芽前彻底刮除病疤，并涂抹5波美度石硫合剂或腐必清、843康复剂，防止伤口流胶，促进伤口愈合。在采果后的晚秋或初冬或早春发芽前，喷50%菌毒清，或2%农抗120水剂，或腐必清100倍液，消除树体上的潜伏病菌。

七、枝腐病

是由真菌子囊菌侵染所致的病害。

［症状］首先表现在小枝上，呈现小枝枯萎，与正常枝呈间隔排列，10～15天后，大枝上的腐烂病斑显现，初期病斑呈暗褐色，随后加深至黑褐色，并不断扩大，果实干瘪脱落，直到整枝枯萎，然后全树枯死。

［病因］果园地势低，排水不良，或施肥不足，树体营养不良，容易发生枝腐病或枝干流胶，或病枝没有集中销毁，导致病菌寄生。

［防治方法］一是农业防治，加强果园管理，增强树势，提高免疫力，及时清除枯枝病枝和枯死树体，集中烧毁。二是化学防治，早期刮净病斑或剪除病枝，在伤口处涂抹波尔多液或硫菌灵50倍液；树冠喷洒43%好力克3毫升加50%多菌灵25克可湿性粉剂加水15千克。

八、褐腐病

褐腐病又称灰腐病、菌核病、果腐病。是核果褐腐病菌、果生丛梗孢引起的真菌侵染性病害。

［症状］该病危害花、叶、枝梢、果实，以果实受害最重，贮运期间的果实也可受害。花的受害表现为病菌由花瓣尖端或柱头侵入，很快扩展到萼片和花柄，产生褐色水渍状斑点，潮湿时产生灰色霉层，迅速腐烂，干燥时枯萎挂于枝上长久不脱落。危害嫩叶时，从叶缘开始，病部变褐，全叶枯萎垂挂枝上。新梢

感染病菌后，形成溃疡斑，病斑椭圆形，中央略凹陷，灰褐色，边缘紫褐色，伴有流胶。果实受害时，首先在果面产生圆形褐斑，数天内便扩展到全果，果肉变褐软腐，表面生灰白色至灰褐色霉层，腐烂脱落或干缩成僵果悬挂在枝上（图34）。

图34　褐腐病

［病因］病菌以菌丝体在僵果上、枝梢溃疡部越冬。僵果有挂在树上的，也有落在地面的，它们在翌年春季产生分生孢子，借助风、雨和昆虫传播，侵染花、幼果和新梢，贮运时也可引起接触传染。

［防治方法］一是农业防治，加强田间管理，增强树体免疫力；结合冬剪，全面清除僵果和病残枝；及时防治虫害，减少果实伤口，防止病菌从伤口侵入。二是化学防治，萌芽前，全树均匀喷施4～5波美度石硫合剂，或1∶1∶100倍式波尔多液。脱萼开始，每隔15天用50%多菌灵可湿性粉剂600倍液，或70%甲基硫菌灵可湿性粉剂600～800倍液喷雾防治。

九、袋果病

又名囊果病，是受李外囊真菌侵染而致病。顾名思义，病果如狭长袋状，因而称为袋果病。

［症状］该病危害果实、叶片和枝干。果实受病，在落花后的幼果期就开始出现症状，果实生长畸形，初呈圆形或袋形，逐渐变狭长，略弯曲，表面平滑，淡黄至红色，皱缩后变成灰色至暗褐色或黑色，冬季宿留树枝或脱落，病果无核或仅能见到未发育好的皱形核。叶片染病在展叶期即变为黄色或红色，叶面肿

胀，皱缩不平，变脆。枝梢受害，呈灰色，略膨胀，弯曲畸形，组织松软，病枝秋后干枯死亡，翌年在这些枯枝下方长出的新梢易发病。5～6月湿度较大时，病果、病叶、病枝表面着生白色粉状物，是病原菌的裸生子囊层。

［病因］病菌以菌丝和子囊孢子或芽孢子在芽鳞片外表或芽鳞片间树皮裂缝中越冬。早春，李树发芽遇雨时，越冬孢子发芽，随雨水飞散传染。李树发芽期、开花期降雨多时易发病，温暖少雨干燥则发病轻，气温超过30℃时不发病，病害每年只有1次侵染，之后不会再侵染。

［防治方法］一是农业防治，在病叶初见而未形成白粉状物之前及时摘除，集中烧毁，减少越冬病源。对发病较重的树及时施肥，促使树势恢复。二是化学防治，在花瓣露红未展开时，喷洒1次2～3波美度石硫合剂，或1∶1∶100波尔多液，消灭树上越冬病菌。用药要周到细致，发芽后不需要再用药。

十、疮痂病

又名黑星病、黑点病，是果生枝芽真菌侵染产生的病害，属真菌侵染。

［症状］主要侵染果实、叶片和新梢。果实受侵染时，在其肩部形成暗褐或暗绿色圆形斑点，逐渐扩大，到果实接近成熟时，病斑呈紫黑色或黑色；果实的侵染仅限于表皮，使表皮组织木栓化，随果实生长，病果生龟裂呈疮痂状，严重时果实脱落。叶片的症状多出现在背部，为形状不规则的病斑。初为灰绿色病斑，随后形成褐色或紫红色，最后病斑干枯或穿孔，严重时叶片脱落。枝、梢侵染后呈暗褐色椭圆形病斑，进一步扩大后病部隆起，常发生流胶，病部和健康组织界限明显。

［病因］病菌以菌丝体在枝梢病组织中越冬，翌年春天气温上升，病菌产生分生孢子，通过风雨传播到果实、枝条和叶片上，引起初次侵染，在新梢和叶片上潜伏期达25～45天，在果实上潜伏期长达40～70天。因而，发病高峰在5～6月间。

［防治方法］一是农业防治，结合秋末冬初的修剪，清除病枯枝、僵果、残桩，集中烧毁或深埋，有效遏制其越冬菌源。二是化学防治，在早春发芽前，将流胶部位病组织刮除，然后涂抹45%晶体石硫合剂30倍液，或喷石硫合剂＋80%五氯酚钠200～300倍液，或1∶1∶100波尔多液。生长期每隔20天用刀纵、横深划病部达木质部，用毛笔蘸药液涂抹，涂抹药液可用70%甲基硫菌灵可湿性粉剂800～1000倍液＋50%福美双可湿性粉剂300倍液；或80%乙蒜素乳油50倍液；或1.5%多抗霉素水剂100倍液处理。

十一、炭疽病

炭疽病是围小丛壳和胶孢炭疽菌侵染引起的真菌性病害。

[症状] 主要危害果实，也可侵染叶片和新梢。果实感病，最初表现为淡褐色水渍状病斑，随着果实的扩大，病斑变为红褐色并随之扩大，呈圆或椭圆形凹陷，有明显同心轮纹状纹，布满小黑点。最后病果软腐脱落或缩水成僵果挂于树枝上。叶片染病时，为红褐色病斑，逐渐变为灰褐色，随着病斑的扩大，叶片焦枯，枯斑上散生呈同心轮纹状排列的小黑点，最后病斑干枯脱落穿孔，新梢顶部叶片萎缩下垂纵卷成管状。新梢染病时，呈长椭圆形褐色凹陷病斑，病梢侧向弯曲，严重时枯死。潮湿时，病斑上出现橘红色小粒点，是病菌的分生孢子团。

[病因] 病菌以菌丝体在病梢组织内、树上僵果中越冬，翌年早春产生分生孢子，随风雨、昆虫传播，侵染新梢、幼果和叶片，引起初侵染，随后在新生的病斑上产生分生孢子再侵染。多雨时节和潮湿环境易造成烂果、叶枯、枝条溃疡。该病危害时间长，在整个生育期都能侵染，高湿是主要的诱导因素。

[防治方法] 一是农业防治，加强果园管理，增强树势提高免疫力。结合冬剪清除树上枯枝、僵果和地面落果，集中烧毁。芽萌动至开花后，剪除病枝、病梢及病果集中烧毁。二是化学防治，芽萌动期，全树均匀喷施 1∶1∶100 倍式波尔多液，或 3～5 波美度石硫合剂。谢花后每隔 10～14 天喷施 70%甲基硫菌灵可湿性粉剂 700 倍液。

十二、根癌病

又名冠瘿病、根瘤病，是根癌土壤杆菌引起的细菌侵染性病害。

[症状] 发病部位主要在根颈处、嫁接口附近，侧根和毛细根也能受侵染。受害后的果树在根上形成肿瘤，导致树体生长缓慢，发育受阻，树势衰弱，果期缩短。主根及侧根上生长鸡蛋大小的球形或扁球形癌瘤，表面粗糙，有坏死斑，严重时整棵树死亡。

[病因] 病菌在肿瘤组织内及土壤中越冬，在土壤中能存活 1～2 年，短距离通过灌水、翻土等传播，远距离在苗木运输中传播，通过伤口侵入。

[防治方法] 一是农业防治，严格检查苗木是否带病，对有病的土壤适当增施酸性肥料，提高土壤酸度，遏制细菌生长。二是化学防治，刮除肿瘤后涂 100 倍硫酸铜液或 402 抗菌剂 50 倍液消毒。

十三、果锈病

果锈病属于生理性病害。

[症状] 果实在幼果期的果面上产生的类似金属锈样的木栓层，因而称为果锈。

[病因] 一是在幼果期喷施含铜的波尔多液可导致果锈。二是叶片和果摩擦、喷药时压力过大等，破坏果皮表面的角质层，使表皮细胞外露坏死，最后形成保护性的木栓组织，即为果锈（图 35）。

图 35　与叶片摩擦形成的果锈

[防治方法] 一般进行物理防治，改善树体通风透光状况，疏花疏果减少叶与果间的摩擦，不使用含铜的波尔多液，喷施时掌握好压力，不使果面受伤。

十四、裂果病

裂果病属生理性病害。

[症状] 主要表现为横裂、纵裂、三角形裂 3 种类型，裂后的果实内枝系维管束断裂，与果柄的供给系统分开，导致果实失水皱缩，干后挂在枝上（图 36）。

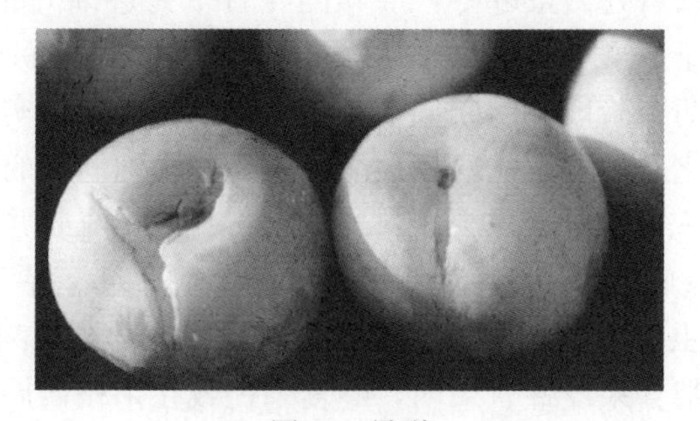

图 36　果裂

［病因］主要表现在果实成熟期，这期间如根系吸水过多，果肉细胞在大量吸水后迅速膨大，而果皮的膨胀是有一定限度的，这时就产生果裂，遇下雨则更明显。

［防治方法］主要是农业防治，避免果园大干大湿，通过覆草、生草，涵养土壤水分。在果实膨大期如遇雨天，可采取地面覆膜减少土壤吸水量。有经验的果农，在果实成熟期如遇下雨，便迅速将果实抢收回家，防止果裂的发生。

第二节　虫　害

一、小食心虫

小食心虫属鳞翅目小卷蛾科，寄主有李、杏、樱桃、桃等，是李树的主要害虫，以幼虫危害新梢和果实。

［症状］新梢被害后，顶端出现流胶，并有虫粪，新梢髓部被蛀空，干枯折断，叶片萎缩。果实被害后，蛀孔不明显，幼虫钻入果实内，在果核周围蛀食，边食边排粪，其粪便堆积如豆沙，严重时果面有粪排出，果实脱落（图 37）。

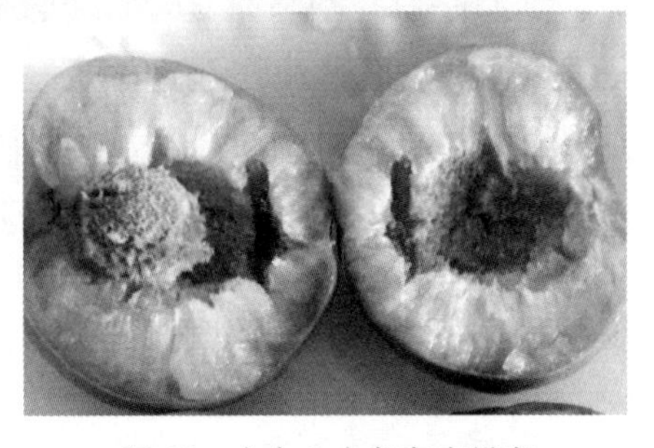

图 37　小食心虫危害李果实

［发生规律］小食心虫 1 年可发生 2～3 代，老熟的幼虫在泥土中、树干翘皮下、裂缝、剪口、锯口处做茧越冬，翌年的 4 月下旬逐渐开始化蛹出土为成虫，出土盛期在 6 月中下旬。化蛹后的成虫多在傍晚活动，夜间产卵，卵孵化为幼虫，幼虫危害分为两个阶段，前期危害新梢，挂果后危害果实。产卵在新梢嫩叶的主脉两侧，卵孵化后的幼虫从新梢顶端蛀入，蛀食到老化的木质部停止，再转移到另一个新梢上危害，直到成为老熟幼虫为止。蛀孔流胶并有虫粪，被害嫩梢逐渐枯萎。1 条幼虫危害 2～3 支新梢才会变成老熟幼虫，后爬向枝干的粗皮处成茧，再化蛹为成虫。危害果实的幼虫首先在果面上吐丝结网，多在萼、梗洼处，然后躲在网下啃食果皮蛀入果内，蛀食果仁或在果核四周取食，窜到果柄附近咬坏输导系统，使嫩果变老成为紫红色，使豆粒大的小果脱落。早期蛀孔不明

显，后从孔内流出水珠状果胶滴，数日后有虫粪排出。

［防治方法］越冬茧主要分布在以树干为中心、半径约 1 米、深 1～5 厘米的表土层中。结合施肥，翻耕树盘土壤，使其暴露在地表冻死，消灭土壤中的越冬茧。在化蛹为成虫前，在地面树盘覆盖地膜，使化蛹后的成虫不得出土而死掉。成虫产卵于果实或叶上时，卵期约 7 天，这期间是防治的最佳时期，可用苦参素、阿维菌素、灭幼脲控制。在成虫发生期大量使用性诱剂，消灭成虫。在成虫出现高峰期后的 3～5 天，还可释放赤眼蜂防治。在疏果期，结合疏果摘除虫果，捡拾掉落在地面上的虫果集中销毁。

二、叶螨

叶螨的别名为红蜘蛛，属蜱螨目叶螨科。

［症状］叶螨主要危害的是叶片的背部，在叶片的背部吐丝结网，在网下刺吸叶片的汁液。受害初期表现为失绿斑点，严重时叶片焦枯脱落，更为严重的是整树叶片落光，影响树势和花芽分化。

［发生规律］叶螨类害虫的繁殖能力强大，1 年内最低发生 6 代，高可达 20 余代。以雌成螨在枝干、树皮裂缝内、树根周围的土缝中、落叶下、杂草根部群集越冬。萌芽期，越冬雌成螨出蛰，爬到花芽取食，花落后，成螨在叶片背面为害，并在背面产卵，完成世代更替。夏季高温天气是危害高峰，10 月便进入越冬场所越冬。

［防治方法］一是在越冬期将草把、覆草及根颈周围的杂草集中烧毁。二是在早春开花前刮除树干上的老翘皮，这时候螨类的天敌大多数已出蛰。三是利用天敌防治，李树叶螨的天敌有食螨瓢虫类、花蝽类、蓟马类、草蛉、捕食螨类等几十种。四是药物防治。当天敌不足以控制时，便要使用药剂控制。螨越冬出蛰的时间在 40 天左右，螨大多是出蛰上树，这时候危害轻微，且还没产下第 1 代卵，是用药的最佳时期；第 1 代卵孵化完毕，第 1 代雌成螨没出现时，是用药的又一关键时期。药剂螺螨酯对叶螨的各阶段都有良好的控制效果，推荐使用。甲维盐和浏阳霉素对天敌安全，可以作为优先选择用药。

三、桃红颈天牛

桃红颈天牛又称红颈天牛，铁炮虫，属鞘翅目天牛科。食性较杂，主要危害李、桃、杏、樱桃等果树或林木，触角长。

［症状］以幼虫在树干基部木质内钻蛀弯曲隧道，隔一定的距离向外蛀一排粪孔，排出粪便和木屑，堆积于地面或枝干上，致使皮层脱落，树干中空，影响

养分和水分的输送，导致树势衰弱，整树枯死（图 38）。

图 38　天牛蛀食主干基部排出的木屑及粪便

［发生规律］桃红颈天牛 2～3 年发生一代，以幼虫在蛀道内越冬，老熟幼虫于 5 月上旬至 7 月上旬在虫道化蛹。成虫期在 5 月下旬至 6 月下旬，成虫在蛹室内羽化后沿虫道出洞，出洞后即进行交尾，经 2～9 天产卵，多数产卵在老树皮裂缝及粗糙部位。

［防治方法］一是利用天敌捕食天牛，如花绒坚甲、管氏肿腿蜂和川硬皮肿腿蜂对天牛的幼虫和蛹、桑天牛长尾啮小蜂寄生在天牛的卵内，有较好的效果。二是利用成虫从中午到下午 3 时前在枝条上静息的习性，进行捕杀。三是及时清除被害死皮和死树，集中烧毁。四是刷石硫合剂防止成虫产卵。五是将排粪孔口清除干净后塞入 56%磷化铝片剂 1/4 片，用黄泥将所有排粪孔封闭，或用塑料薄膜包扎进行药物熏杀。

四、介壳虫

危害李树的主要是桑白蚧、朝鲜球坚蚧、东方盔蚧。桑白蚧又称桃白蚧、桑盾蚧、桃介壳虫、桑介壳虫，寄生植物主要是果树、花木等。朝鲜球坚蚧（图 39）又称杏球坚蚧、桃球坚蚧，寄生植物主要是果树。东方盔蚧又称扁平球坚蚧、水木坚蚧、褐盔蜡蚧、糖槭蚧、刺槐蚧。寄生植物主要是果树和刺槐、榆树、柳树等。

［症状］介壳虫以成虫、若虫群集在李树枝条上刺吸汁液为害，偶尔危害叶片和果实。被害枝条被虫体和分泌的蜡质覆盖，导致枝条生长发育不良，树势衰弱，甚至整枝或整树枯死。

［发生规律］介壳虫在各地 1 年发生的代数不等，少的 1 年 1 代，多的 1 年 5 代，着生在枝干裂缝、老皮下及叶痕处越冬，远距离传播主要是在苗木、接穗、

图 39　朝鲜球坚蚧

砧木中携带传播，一旦发生，难以根除。因而加强苗木检疫，是控制介壳虫传播的重要手段。

［防治方法］一是在春季雌虫产卵前，结合冬剪和春剪，剪除虫枝，刮去虫体，带出园外烧毁。二是利用天敌黑缘红瓢虫捕食介壳虫。三是化学防治，果树萌芽前全园喷施 3～5 波美度石硫合剂。果树生长期，初孵若虫从母体介壳虫向外扩散转移阶段是全年防治的关键时期，可用 40%毒死蜱乳油 200 倍液或 10%吡虫啉可湿性粉剂 1 000 倍液喷雾。

五、金龟子

目前危害李树的有黑绒金龟、苹毛丽金龟、小青花金龟、铜绿丽金龟（图40）、白星花金龟。

［症状］金龟子以幼虫危害李树的幼根。黑绒金龟以嫩芽嫩叶为食，导致幼苗、幼树不能展叶而死亡。苹毛丽金龟和小青花金龟以花器、芽、嫩叶为食。铜绿丽金龟以成虫咬食果树叶片，严重时可将叶片吃光，仅余叶脉和叶柄，尤其喜食幼年树叶片。白星花金龟以成虫啃食果肉，使果实形成虫斑、腐烂、脱落（图 41）。

图 40　铜绿丽金龟

［发生规律］金龟子 1 年发生 1 代。黑绒金龟、苹毛丽金龟、小青花金龟以成虫在土壤中越冬，铜绿丽金龟、白星花金龟以幼虫在土壤中越冬。

［防治方法］一是利用天敌防治，金龟子的天敌有鸟、青蛙、刺猬、步行虫等，它们都能捕食金龟子的幼虫和成虫。二是利用寄生生物防治，如大斑土蜂、线虫、白僵菌、乳状菌等，吃掉或使其感病，达到防治的目的。三是破坏幼虫的

图 41　危害李果实的金龟子

生存环境，间种农作物，冬春翻耕树盘，铲除杂草。四是消灭成虫，利用金龟子的假死性，在花期及成虫为害期间，早晚用力振动树体，使其落地后集中杀死；利用成虫的趋光性，设黑光灯或 100 瓦白炽灯，灯下放 1 大盘水，使成虫撞落水中淹死；还可设糖醋液体罐，挂在树上，诱使成虫飞入。

六、天幕毛虫

天幕毛虫为鳞翅目枯叶蛾科，又名春黏虫、顶针虫、梅毛虫。

[症状] 幼虫以嫩芽、新叶、叶片为食，吐丝结网如天幕，因而得名天幕毛虫，幼龄幼虫群居网上，老熟幼虫分散活动，并随着身体的增大而食量增加，蚕食树叶的量也增大。

[发生规律] 1 年 1 代，以完成胚胎发育的幼虫在卵壳内越冬，翌年李树发芽后，从卵壳内爬出来，在附近的幼叶上危害，之后转移到小枝分叉处结网，白天潜伏网中，晚上出来取食。老熟后的幼虫在叶背、树皮缝隙、杂草丛中、墙角、屋檐结茧化蛹，蛹期 12 天左右。

[防治方法] 一是冬剪，剪除卵块枝条烧毁。二是揭开网幕捕杀。三是对分散到树枝上的幼虫通过振动落地捕杀。四是利用黑光灯、频振灯诱杀成虫。五是利用天敌蜂、多角体病毒杀死。六是用 90%晶体敌百虫 1 000 倍液喷雾防治。

七、大青叶蝉

大青叶蝉又名青叶跳蝉、大绿浮尘子、青叶蝉，属同翅目叶蝉科。

［症状］以成虫和若虫危害叶片，刺吸汁液，并传播病毒。成虫产卵时，以其锯状产卵器刺划枝条表皮，将卵产在其中，产卵处呈月牙状翘起，严重时，枝叶遍体鳞伤，导致李树水分过量蒸发而发育迟缓，树势削弱，甚至枯死。

［发生规律］1年发生3代以上，以卵在枝条表皮组织内越冬，春季孵化为若虫。喜弹跳、群栖，趋光性强。

［防治方法］一是成虫产卵前在幼树主干上刷白，阻止成虫产卵。涂白剂由25%的生石灰、4%的粗盐、1%～2%的石硫合剂、70%的水组成，也可加入杀虫剂。二是灯光诱杀。三是捕杀群集幼虫。四是喷雾20%氰戊菊酯乳油2 000倍液。

八、蚜虫

蚜虫属同翅目蚜科，为害李树的蚜虫主要有桃蚜、桃粉蚜、桃瘤蚜。

［症状］群集枝梢和嫩叶背面吸汁危害，影响树体的生长、发育，传播多种病毒。

［发生规律］1年发生10～20余代，以卵在李树芽旁、芽腋、裂缝、小枝杈处越冬，翌年春天发芽时孵化，然后群集在芽上、叶上、枝梢上危害。

［防治方法］一是用黄板诱杀，用银灰膜驱逐。二是利用天敌七星瓢虫、草蛉、食蚜蝇、蚜茧蜂等捕杀。三是人工生草，为天敌提供活动和繁殖场所。四是在李树发芽前喷施敌百虫乳油，孵化后用3%啶虫脒乳油2 500～3 000倍液喷施。

九、桃蛀螟

桃蛀螟属鳞翅目螟蛾科，又名桃蛀野螟、桃斑螟、桃蛀心虫。

［症状］以幼虫蛀害果实，幼虫在果实内取食，排积粪便，被害果外面堆有红褐色虫粪，伴有流胶，受害果易腐烂早落。

［发生规律］1年发生4～5代，以老熟幼虫于树皮缝隙、树洞处越冬，翌年春季老熟幼虫化蛹，之后羽化为成虫，白天伏于树叶背面，夜间交尾产卵，对黑光灯和糖醋液有强烈的趋性。

［防治方法］一是摘掉被害果实、拾取落地果实销毁。二是用黑光灯和糖醋液诱杀成虫。三是用50%杀螟硫磷乳油1 000倍液喷雾防治。

十、李实蜂

李实蜂又名李叶蜂，是李果实的重要害虫之一。

[症状] 幼虫蛀食花托和花萼，进而蛀入花内和幼果内蛀食果核，果实被蛀食成空壳，果内堆满虫粪，致果实脱落。

[发生规律] 1 年发生 1 代，以老熟幼虫在树冠下 3～10 厘米深的土层内结茧越夏、越冬，成虫羽化出土期与李树花蕾期、羽化盛期与盛花期基本一致。成虫在李树盛花期产卵于花托和花萼，孵化后幼虫咬破花托蛀入子房，后蛀入幼果食尽果核、蛀食果肉，果实停止生长并脱落。幼虫老熟后咬一圆孔脱果，坠落地面，钻入地下，或随被害果脱落坠地后脱果入土休眠。

[防治方法] 一是结合果园管理深翻树盘 15 厘米以上，将虫茧埋入地下不能正常出土，或者翻露于地表冻死，被鸟啄食。二是利用黑胸蜂、金翅鸟天敌消灭幼虫。三是用薄膜或窗纱类网状物对树冠投影内覆盖，阻止成虫羽化出土。四是在盛花末期和硬核期 2 次喷施菊酯类药物。

第三节　综合防治措施

病虫害的防治是一项综合系统性工程，与果树的土肥水管理一样，贯穿全年的整个过程，它包括农业防治、物理防治、生物防治和化学防治等措施。

一、农业防治

1. 选栽抗性强的品种　李树对病虫害的抗性是一种可遗传性生物学特性，在相同环境下不同品种对病虫害表现为抗性和受害，在栽培时，选择抗病虫害强的品种，是非常关键的措施。

2. 加强栽培和果园管理　加强栽培管理，适时改良土壤，促使李树健壮生长，提高树体的抗病虫害能力。适时清除病虫枝、落果以及园地杂物等，减少果园内外的病原菌及虫源。耕翻整地改变土壤环境，防治并减少果园的病虫害发生概率。科学施肥和灌溉，控制氮肥施用量，增施有机肥，增强树势，提高果树的抗逆性。

二、物理防治

物理防治措施主要有理化诱控、物理阻隔技术。理化诱控技术包含光诱（图 42）、性诱、色诱、扑杀；物理阻隔技术包含紫外线杀菌、除草膜、防虫网等。

糖醋液是诱杀成虫的较好办法，糖醋液的配制原料为红糖、醋、白酒、水，比例为 1∶4∶1∶16，外加少量敌百虫。

悬挂频振式杀虫灯诱杀害虫可减少化学农药的使用，减少化学污染。将频振式杀虫灯悬挂在距地面 2 米高的固定支架上。杀虫灯安装布局采用棋状和闭环分布的方式进行，棋状分布应用较广，以单灯辐射半径为 12 米计算安装数量，在 5～10 月的每天下午 7～12 时使用。

图 42　杀虫灯

性诱剂诱杀技术是国际公认的绿色环保技术，但性诱剂具有专一性，一种产品只能引诱一种害虫。

色板诱杀害虫是利用害虫的趋黄、趋蓝特性，在色板上涂粘胶剂，根据不同害虫对不同色彩的敏感性不同进行诱杀。悬挂时，高度略高于果树顶部，每亩放色板 30 块，或视害虫的情况而增加。色板可重复使用，可用竹片将色板上的虫体刮掉。色板的使用与其他防治措施配合使用效果更佳。

三、生物防治

生物防治措施是利用寄生性、捕食性天敌或病原微生物、生物的代谢物来调控害虫、抑制病原菌的传播。

一是要保护和利用天敌，减少化学农药的使用，保护天敌。通过引进、大量繁殖饲养等方式培养天敌昆虫，以补充自然天敌的不足，在需要时释放到田间使用。

二是利用病原微生物或其代谢产物，进行防治，如利用 Bt 制剂防治多种鳞翅目害虫，利用白僵菌防治蛴螬等。利用害虫残体液喷洒到果树上，对同类害虫起到拒食、远迁和繁殖率降低的作用，方法是将害虫捣碎后加水过滤成虫体液，1 克对水 50～60 千克喷施。

三是利用植物源和微生物源药剂杀虫，减少对果树的危害。植物源杀虫剂如印楝素、烟草、苦参碱、苦皮藤素、闹羊花素、呋喃香豆素、呋喃喹碱、呋喃色酮等，破坏昆虫口器、生理生化状态，麻痹神经与肌肉，扰乱昆虫内分泌激素平衡，产生光活化毒素。微生物源杀虫剂有真菌、细菌和病毒之分，真菌类有白僵菌和绿僵菌，细菌类有苏云金杆菌、乳状芽孢杆菌、枯草芽孢杆菌、假单孢杆菌。病毒类有核多角体病毒、质型颗粒体病毒和颗粒体病毒。

四、化学防治

化学防治是利用农药防治的一种措施，它见效快，使用简单，但污染较大，能不使用时尽量不使用。选用时，应使用高效、低毒、低残留农药，严格执行农药使用标准，科学使用，适时使用。

第四节　常规农药的配制

一、石硫合剂的配制和使用

石硫合剂是采用天然矿物原料熬制的强碱性保护性杀菌剂，有效成分是多硫化钙，通过水和空气中的氧气、二氧化碳分解游离出硫和硫化氢而发挥杀菌作用，也可作为杀虫剂软化介壳虫的蜡质，能有效防治介壳虫和红蜘蛛卵。配料是生石灰、硫黄和水，比例是1∶2∶15。

制作方法：①将水放入铁锅中加热，水温达到60～70℃时，从锅中取出部分水将硫黄搅拌成糊状，并用其他容器取出部分水作为冲洗备用。②将生石灰倒入锅中搅拌成石灰乳煮沸，不得有石块等硬状物。③将硫黄慢慢倒入石灰乳中，边倒边搅拌，用备用水清洗硫黄容器，开锅后继续煮沸40～60分钟，此过程颜色变化过程为黄—橘黄—橘红—砖红—红褐，渣滓变成黄绿色，有臭鸡蛋味，这时停火冷却，过滤渣滓，留下的即是石硫合剂母液，浓度达25波美度（液体比重）。

使用方法：直接加水稀释使用。具有腐蚀性，用作喷雾。对李果实有药害，果实即将成熟时不可使用。

二、波尔多液的配制和使用

波尔多液为保护性碱性杀菌剂，通过释放可溶性铜离子而达到抑制病原孢子萌发和菌丝生长的目的。对人和畜无毒。配料是硫酸铜、生石灰、水，比例应根据防治对象和气候而定，硫酸铜和生石灰的常用配比量为1∶1，用水一般为160～240倍。

配制方法：取用水量的一半溶化硫酸铜，另一半溶化生石灰，各自在各自的容器中不断搅拌，待完全溶化后，将硫酸铜缓慢倒入石灰乳中，边倒边搅拌混合均匀成天蓝色波尔多液。顺序不可用反，不可用石灰乳倒入硫酸铜中。可在果园中建配药池进行配制。

使用方法：在病害发生前用1∶1∶（150～200）的波尔多液喷雾，可有效防止病虫害发生。发病后，用1∶1∶200波尔多液，每5天喷施1次。使用中应1次喷透，不可重复喷施，现配现喷，多余药液倒掉。不可与石硫合剂混合使用，不可与酸性药物混用。喷施时最好是晴天。

第五章
果实采收及加工

果实适时采摘的度如何把握，这是一个非常重要的问题，为果树忙前忙后，只为采摘时期的到来。采摘过早，果实的含糖量不足，果实成长不足，导致品质差，风味达不到固有的要求；采摘过迟，果实成熟过度导致软化，不耐贮运，损耗大。

因而，李果实的适时采摘、贮藏、保鲜等环节都十分重要，都要遵守相应的技术规范。

第一节　李果实的成熟过程

李果实的成熟过程，是一个生理变化的复杂过程，伴随着淀粉含量下降、糖含量增加、酸含量减少、涩味减退、芳香增加、果皮颜色改变等过程，表现为由酸涩到色、香、味俱佳的一个重大变化过程。这些过程，直接影响果实的食用性、商品性、耐贮性。因而，认真对待果实的成熟变化过程，是获得预期价值的重要环节。

一、李果实的成熟标准

李果色素丰富，主要集中在果皮，有叶绿素、类胡萝卜素、花青素等，这些色素含量在果皮中所占的比例不同，表现出来的颜色就不一样。富含花青素的果实，在发育过程中，果皮中的叶绿素、类胡萝卜素、类黄酮逐步下降，花青素含量逐步上升，在果实成熟时加快增长步伐，果皮则表现为紫色、黑紫色等颜色较深的品种，多为晚熟品种；而富含类胡萝卜素的果皮则表现为叶绿素降解、类胡萝卜素积累增加，使果皮呈现黄色，如金吉李。成熟期内叶绿素含量仍然较高，则果皮表现仍然为绿色，如青脆李。兼具黄色和绿色的黄绿色李，则是类胡萝卜素和叶绿素比例相当的含量，黄色稍占上风，类胡萝卜素略高于叶绿素，如巫山脆李（图 43）。

图 43 切开的巫山脆李

有关专家提出果实采摘成熟度以色泽为标准。果面着色达 1/3～1/2 时为硬熟期，着色≥4/5 时为半软熟期。根据采摘后销路决定采摘的成熟度，本地鲜销时间短，在充分成熟前采收比较合适，远销时，耗时长，在 70%～80%成熟时就要采摘。

二、李果中的糖和酸

果实中的糖酸含量和比例是决定果实风味最重要的指标，糖酸含量失衡，会导致过甜或过酸而使风味不佳。此外，糖分还是合成色素、维生素和芳香物质等的重要原料，同时又可以作为信号物质，调控果实发育过程中许多物质的代谢过程。

果实糖分积累的过程主要在成熟时期，李果实发育前期积累淀粉为主，到了果实发育后期，淀粉则开始水解，转向积累可溶性糖为主。

和糖分积累相同，成熟果实积累酸的类型因品种不同而存在差异。按照成熟果实中所积累的主要有机酸组分，大体可将果实分为苹果酸型、柠檬酸型和酒石酸型三大类。李的成熟果实中是以积累苹果酸为主。同一品种在不同地方栽培，成熟果实中的主要有机酸含量也可能发生改变，会产生与原产地风味的差异。

不同品种中的糖分组成不一样，中国李的可溶性糖分组成有蔗糖、葡萄糖、果糖、山梨醇，以蔗糖为主，葡萄糖和果糖居其次。成熟后的果实有机酸主要是苹果酸。野生李的糖分以葡萄糖、果糖、山梨醇为主，蔗糖较少，有机酸以苹果酸为主，奎宁酸为次，在口感上表现为酸涩。欧洲李果实的糖分主要以葡萄糖和山梨醇为主，有机酸组分主要以奎宁酸和苹果酸为主。樱桃李、美洲李、加拿大李、黑刺李、野生欧洲李等果实中既有苹果酸，也含有较高的奎宁酸。总酸含量由高到低的顺序是樱桃李、野生欧洲李、黑刺李、乌苏里李。

李果实的发育过程，也是一个糖、酸积累调控的过程。随着果实发育，果实中的糖不断积累，而有机酸的含量却在发育过程前期阶段逐渐增高，当进入成熟阶段时，有机酸含量才逐渐下降，可滴定酸、维生素C含量随果实的发育呈下降趋势。在成熟前的14天左右，是李果实糖的快速积累时期。

三、李果实的香气成分

香气成分是果实风味特点中的一类，是不同类别水果的特征之一，香气来自于酯类、醛类、内酯类、羟基化合物和部分含硫化合物，因成分不同而形成果实的香气不同。李果实香气成分主要有醛类、醇类、酮类、酸类、酯类、内酯类、酚类等，李果实的香气主要产生于成熟期和贮藏期，在果实的发育阶段、采收成熟度上，都能影响果实香气的浓淡。果实的不同发育阶段，香气物质的组成成分和含量不一样，表现出不同的香气；采收过早，果实醇类物质含量高，当贮藏时间增加时，醇类成分含量下降，醛类成分含量上升，至后期酮类成分急剧上升，果实风味变差。李果实采收时成熟度高，酮类成分含量低。

四、李果实成熟质地的变化

了解李果实成熟质地的变化过程，对于把握采摘时间、贮藏原理，具有相当重要的意义。

李果实成熟是一个高度复杂、受基因调控的过程，这个过程中，果实品质发生了一系列不可逆的分子、生物化学及生理变化，如色泽改变、芳香物质合成、可食性增加或减少等，这些变化引发的是果品质地的变化，直接影响着消费者对果品的选择，对果实的贮存、运输、货架期以及对病原菌感染的抗性等的判断。

李果实软化是一种常见现象，是果实达到理想可食状态的前提条件，在果实发育、成熟过程中，细胞壁降解或细胞之间黏着性下降使果实软化成熟。果实软化的时间和程度因果实种类和品种而有差异，主要取决于该品种果实内在组成、细胞壁多糖性质以及其他细胞壁结构成分，如巫山脆李果实的软化在成熟期间相比生长发育期，表现为果肉不再致密，而是疏松便于咀嚼。

果实软化通常伴随着乙烯合成与呼吸速率改变等生理变化。李果实属跃变型呼吸模式，采收后产生高水平乙烯，乙烯对果实成熟的调控起着决定性作用，能急剧促进果实成熟。因而，乙烯是调控果实软化进程的重要因素。

成熟果实的软化主要是细胞壁组分降解、增溶以及细胞结构破坏所致，其中酶及非酶因素共同导致了果实软化。

第二节　李果实成熟衰老质地变化的调控

李果实属跃变型呼吸模式，许多品种的果实成熟期都在炎热的夏季，采后出现明显的呼吸高峰和乙烯释放高峰，成熟衰老速度加快，导致果实过度变软、腐烂，品质迅速恶化，增加采后损失。为防止过度软化和衰老，可以进行物理的、生物化学的调控。

一、物理调控

遗传因素和环境因子同时影响成熟果实的质地变化。果树的叶片，果实的营养状况，土壤的 pH、钙、镁、钾的含量等因素，都会影响到果实的贮藏性能。

李果实的理想贮藏硬度为 15～19 千克/厘米^2，其贮藏保鲜是一个系统工程，包括采前、采中、采后相互配合的处理过程。

（一）适时采收

李果实的成熟度分为 3 种。

1. 可采成熟度　果实已经完成生长和各种化学物质的积累过程，果实充分肥大，开始呈现出本品种成熟时应有的色泽、风味，肉质紧密，在采后适宜条件下可自然完成后熟过程，有色泽的果实如红色李果已着色 1/3～1/2,黄色李果实略呈淡黄色。这类成熟度的李子，采收后可用于贮藏、加工罐头，制作蜜饯、果脯、李干及远距离运输。

2. 食用成熟度　果实在生理上已充分成熟，具有本品种固有的色、香、味，营养价值最高，风味最好，有色泽的果实如红色果的红色约占全果的 4/5，黄色李果全变成淡黄色，是鲜食的最佳时期。除鲜食外，还可加工李果汁、果酒、果酱，不适宜长期贮藏或长途运输。

3. 生理成熟度　果实的种核充分成熟，果肉开始变软绵，品质下降，营养价值大大降低。这类果实一般用作种子采集，还可用作果汁、果酒的制作。

采前 10～15 天不宜大量浇水、施用氮肥和农药，采收时间应避开雨天，阴凉天气最佳，晴天在无雾或无露的早晨、傍晚，有露的天气待晨露消失后进行。因李子的成熟度不一，应根据需要采取分期分批的方法，成熟一批采摘一批。

采摘时握住李果，手指按着果柄与果枝连接处，用力扭动或轻托，将果柄带果实一并采下。采摘要戴手套，以减少果粉的损失，利于保鲜。采摘动作要轻，不要损伤果枝。轻拿轻放，避免刺伤、捏伤、挤伤、擦伤。筐箱要有软质材料做衬垫，防止擦伤。按照从下到上、由外向内的顺序逐枝采摘。采摘的果实应放在树阴下，避免日光曝晒失水，并及时运走包装。

（二）分级、预冷、包装、运输

采后的果实应按照不同品种的单果重，分出等级销售。按照辽宁省果树科学研究所郝义、孙万河提出的4级标准，可以作为参考：单果重>80克为特级果，60～80克为1级果，40～60克为2级果，30～40克为3级果，<30克为4级果或等外果。剔除病虫果、损伤果，依等级销售，依质论价，保证最大的销售利益。

采收后的果实应立即降温预冷到4℃，才可减少养分的损耗，便于远途运输和长期贮藏。预冷方法有3种：一是冷库鼓风冷却，二是用0.5～1.0℃冷水冷却，三是用真空或冰进行冷却。

长期贮藏和长途运输，最理想的包装是瓦楞纸硬壳箱，箱内分格，一果一纸单独摆放，每箱净重5～10千克。短期内可用塑料周转箱包装，每箱重量10～20千克。

（三）贮藏保鲜

李果实的贮藏保鲜过程实质上是对温度、湿度、气体的调控过程，以达到延长贮藏期的目的。低温能抑制李果实的成熟衰老，延缓与成熟相关的果实软化、木质化的进程。主要是低温能抑制乙烯生物合成和信号转导的启动，调解与成熟相关酶的活性。

湿度过低会导致果实水分损失，加速果实的后熟进程，李果实的贮藏环境应当有适宜的相对湿度。李果实最适宜的贮藏条件是：温度－0.5～0℃，相对湿度85%～90%，氧气2%～3%，二氧化碳比氧气略高，不超过8%。李果实的冰点为－2.2℃，在－1℃时就有受冻害的危险，贮藏中的李果实失水超过原重量的5%就出现萎蔫。

1. 冰窖贮藏 冰窖的底层冰厚30～60厘米，在四围开出冰槽，按照6～10厘米的间距堆码箱筐，在空隙内填充碎冰。冰窖以堆码6层高为宜，顶面覆盖60～100厘米的冰块，再覆盖稻草，对窖门进行密封。将装箱筐的果实放入－0.5～1.0℃冰窖里，可以贮藏2～3个月。贮藏期间，要定时抽查，处理变质果。

2. 冷库贮藏 在入库前1周，应对冷库进行消毒处理。首先用生石灰溶液对顶棚、墙壁、地面进行消毒，然后用促丁胺或甲醛熏蒸。在入库前5天开机降温，直到库温降到4℃。

果箱筐用5%氢氧化钠溶液洗刷，用清水冲洗干净、晾干。将预冷后的果实装箱筐，在4℃的库内预贮2天左右，随后将库温逐渐降到－0.5～0℃，保持库内相对湿度为85%～95%。在这种条件下，李果实可贮藏60天左右。

注意事项：入库初期不可急剧降温，贮藏末期要逐步提温，防止结露积水引起病原菌侵染；贮藏的前期和后期要多通风换气，中期换气次数相对减少；每天加强库房检查，观察温度、湿度5次，做好记录，发现问题及时处理。

3. 气调贮藏　主要是对氧气和二氧化碳的调控，又称为人工气体储存或气调储存，是通过注入氮气或者由果实自然呼吸消耗环境氧气、降低氧气浓度，以有效延缓李果实的成熟衰老过程。

李果的适宜气体条件是2%～3%的O_2、3%～8%的CO_2。将预冷后的李果实装入0.025毫米厚的聚乙烯塑料袋，每袋5千克，封口后，在温度为0～1℃、1%～3%的O_2、5%的CO_2贮藏条件下，可贮藏70天。在恒温0℃，相对湿度85%～90%，3%的CO_2、3%的O_2、94%的N_2条件下，有较好的贮藏效果。

此外，保鲜纸既能减轻运输中的损伤，也可延缓李果实的后熟。

二、生物化学调控

乙烯不仅能促进果实的成熟，还可以利用它抑制果实的成熟。通过利用采后乙烯、乙烯生物合成抑制剂AVG或乙烯受体抑制剂1-MCP等处理调控果实成熟。此外，水杨酸、一氧化氮、钙及其他化合物都对果实的成熟具有调控作用。

水杨酸（SA）是一种天然酚类化合物，参与调节植物生长发育的许多过程，包括果实成熟衰老。

一氧化氮（NO）是一种在动植物中均起着重要作用的气态信号分子。植物可以合成NO。NO处理可以抑制桃、李和香蕉等果实的后熟软化进程，这一抑制果实软化的效果主要是通过抑制乙烯合成来实现的。

钙处理抑制果实软化增强果肉硬度的作用较好。采前7天对李果实喷洒0.8%氯化钙溶液可增强贮藏性，能增加PME酶活性，果胶之间形成钙桥。

其他一些化学调控在果实成熟调控上也有效果，如多胺处理桃或李果实，可以抑制果实软化，可有效维持果实硬度。

保鲜剂保鲜也是一项重要手段，能够调节果实周围的氧气和二氧化碳的浓度，降低乙烯的含量，抑制果实的呼吸，延缓后熟。

第三节 果实的加工

一、果汁加工

浓缩李汁所选用的李品种为高酸李，通过鉴定，新疆伊犁的野生欧洲李总酸达2.4%，野生樱桃李在2.7%，通过选育的野生樱桃李实生后代YTL-25总酸量高达3.17%，被确定为加工李汁的优质原料。李汁原料品种的选用上，要注意色泽和出汁率、去核难易、芳香等事项，产品色泽以浅绿色为最佳，并具有李的独特芳香最受欢迎。

除野生樱桃李外，其他高酸品种较多。如巫山海拔800米以上生长的野李子，虽然没有通过检测总酸量，但凭口感便知道是高酸品种，在9月成熟后，其味仍然酸得难以入口。

生产流程：原料验收—漂洗—预煮软化—去核制浆—酶解—调配（蜂蜜、白砂糖、稳定剂）—均质—脱气—灭菌灌装—成品

原料处理：选用含酸量高、充分成熟的新鲜李，剔除流汁、软烂、腐烂、虫果、未成熟的青果。将李果实放到漂洗塑料筐，在漂洗池中均匀翻动，漂去李果实外的泥土灰尘、拣出枝叶、变质果实、微生物等杂质，直至漂洗干净。

原汁的制备：将李果置入锅中，加入水量以淹没果实为准，升温至55℃，保温10～15分钟，果皮破裂，核肉分离。去核后将带皮的果肉在打浆机中打浆2次，过滤后即得果汁。

因李果实中有大量的果胶，为提高出汁率，在打浆后每100克果浆加入0.01%的复合果胶酶，在40℃恒温中酶解80分钟，以降解果肉中大分子果胶物质，提高果实出汁率。酶解结束后加热到80℃灭酶5分钟，再用滤布进行过滤取汁。

随后通过胶磨、均质程序杀菌、破碎，在30兆帕压强下均质，以得到较好的口感，防止果汁出现分层、沉淀现象。通过调配、脱气程序，根据市场或口感的要求，在水温60℃以上，加入白砂糖、蜂蜜、稳定剂，过滤后用高温瞬时灭菌机灭菌。

果汁含量最佳参考标准：原汁80%，蜂蜜3%，白砂糖7%，水10%。

除制作果汁外，还可用李与杏仁一起制作复合蛋白饮料。

二、李果酒生产

李果酒具有含糖量低、李果香和酒香统一、营养成分丰富、口感清爽怡人、酒精度低、酸甜适度的特点，适合饭前、饭后、休闲时饮用。

生产流程：原料—清洗—捡果—二次清洗—破碎—打浆—脱核—酶解—压榨—果浆—成分调整—接种（酵母活化）—发酵—加硫贮存—倒酒—贮存—倒酒—下胶—过滤—陈酿—调配—贮存—冷冻—过滤—精过滤—除菌—灌装—成品。

三、李脯加工

李脯是以李果实为原料制作而成的休闲食品。

李脯制作原料配比参考：李果 1 000 千克、白砂糖 70 千克、亚硫酸氢钠 60 克、柠檬酸 150 克、食盐 2 千克。

生产流程：原料—选择—清洗—切半去核—护色（食盐）—硫处理—第 1 次糖煮、糖渍（柠檬酸、白砂糖）—白砂糖—第 2 次糖煮、糖渍—干燥—成品。

操作要点：清洗后切半、去核、刺眼，制成李坯。将李坯放入 4%的石灰水中浸泡 12～20 小时，漂洗干净后在热水中热烫，再在冷水中漂洗 16～20 小时捞出。将配好的糖液倒入李坯中，浸渍 26～36 小时，连同糖液一起在锅中煮 30～40 分钟，捞出沥干糖液，冷却后上糖衣即可。

四、话李加工

低糖化话李，是一款深受消费者喜爱的休闲食品。

配料配比：李果 100 千克、食盐 22.5 千克、甘草 2 千克、糖精 200 克、柠檬酸 125 克，香兰素 50 克。

生产流程：原料选择—清洗—盐腌—晒坯—脱盐—晒制—浸制（在甘草、糖精、食盐、柠檬酸、香兰素溶液中）—晒制—成品。

生产要点：选择八成熟无病虫害的新鲜李果。按果、盐 10∶2 的比例分层腌制，分层撒盐，下层少，上层多。加盖压实，30 天左右倒一次缸，翻动时动作要轻。晒 15 天，直到晒干成李坯。将李坯放入清水中浸泡 7 天左右脱盐，搅动洗净杂质，适当保留咸味和酸度。然后沥干水暴晒至七成干。将甘草加水 25 千克，熬制成 20 千克甘草液，过滤提汁，按比例加入糖精、柠檬酸、食盐、香兰素搅拌溶解，将李坯 50 千克放入，连续翻动 4 次，浸渍 10 小时左右，每隔 2 小时翻动 1 次，待料全部被李坯吸干后，晒至坯表面有一层盐霜即成话李。适度烘干后包装密封。

五、李干加工

李干具有体积小、重量轻、便于运输、不变质的优点，适合长期贮存。

生产流程：原料选择—浸碱—漂洗—剖半去核—干制—包装。

加工操作要点：选择八成熟，色泽一致，大小均匀，无霉烂，无虫蛀的新鲜李果。清水洗净后在0.5%～1.5%的氢氧化钠溶液中煮沸5～15秒钟，或在沸水中煮10～12秒钟，溶去果面蜡质，表皮微呈裂纹时捞出，再用清水漂洗干净。去核。放入0.2%～0.3%的偏重亚硫酸钠（或亚硫酸钾）溶液或0.1%～0.2%的亚硫酸液（pH 3左右）中浸泡30分钟护色。按100千克李果用15～20千克食盐的比例，先在池底放一层盐，然后一层果一层盐逐层码放，在最上层李果表面盖一层盐，然后铺上竹帘压上重物，以防李果在腌渍过程中浮起。一般腌渍18～25天。将腌渍好的李果捞出，沥干水分，摊放在竹帘上晾晒，至手压不出水、不脱核、富有弹性时为宜。然后，将过大、过小或过湿及结块的捡出，留下合格的继续加工。为了使李干水分内外一致、质地柔软，将晒好的李干堆积起来，用塑料薄膜盖严，或装入密闭容器中，在贮藏室内回软。然后杀菌，杀菌有两种方法，一是高压杀菌，将李干用蒸汽处理3～5分钟；二是用李干重量的0.25%的二氧化硫熏蒸1.5～2小时。最后是包装。常用包装容器有锡铁罐、纸箱、聚乙烯袋等，其中主要是纸箱。在纸箱中垫衬1～2层防潮纸，用纸将果干包好，或在箱内壁涂上清漆、干酪乳剂、石蜡等防水涂料，然后按规定重量将李干装入箱中，再用衬纸覆盖包严，封箱，贮存于低温、低湿处。一般要求空气相对湿度在20%，温度在14℃以下。

六、李罐头加工

有糖水李罐头和李酱罐头2种。

1. 糖水李罐头

生产流程：原料选择—分级—清洗—去皮—修整—预煮—分选—装罐—加热排气—封罐—杀菌—冷却—成品。

操作要点：选择八九成熟、新鲜完整、风味正常、无病虫害损伤、横径≥30毫米的果实。按果实的成熟度、大小、色泽分级。将浓度为10%～20%的碱液加热到100℃，倒入李果浸泡2分钟后在流动的清水中搓洗，除皮去碱液。去皮后的李果放入1%盐水中护色，去除果柄及残皮后清洗干净。然后将果实倒入沸水中煮10分钟左右，以不烂为度，挑出果面光滑、形态完整的，按大小和色泽分开。最后将310克果实装入500毫升玻璃罐中，加入220克浓度为30%的糖水，罐盖与胶圈在沸水中煮5分钟消毒。将装好的玻璃瓶放入排气箱中加热排气，然后封装、杀菌、冷却。

2. 李酱罐头 李酱罐头是一种具有李果风味的果酱罐头。是用成熟的李果实去核后，在沸水中软化20分钟左右，打浆后按100克加入131克浓度为75%糖水的比例继续加热浓缩，至紧密不散为止便成。

附件：
《巫山脆李生产技术规程及管理年历》

重庆市农业科学院　巫山县脆李产业发展领导小组办公室　编

1　范围

本标准规定了重庆市巫山县巫山脆李建园与栽植、土肥水管理、整形修剪、花果管理、病虫害防治和果实采收等技术。

本标准适用于巫山脆李生产。

2　规范性引用文件

下列文件中的条款通过本标准的引用而成为本标准的条款。凡是注日期的引用文件，其随后所有的修改单（不包括勘误的内容）或修订版均不适用于本标准，然而，鼓励根据本标准达成协议的各方研究是否可使用这些文件的最新版本。凡是不注日期的引用文件，其最新版本适用于本标准。

农药安全使用标准（GB 4285—1989）

农药合理使用准则（GB/T 832）

农产品安全质量（GB/T 18407.2—200）无公害水果产地环境要求李贮藏技术规程（GBT 26901—2011）

肥料合理使用准则通则（NY/T 496—2002）

鲜李（NY/T 839—2004）

3　建园与栽植

3.1　园地选择

选择海拔 200～800 米的山地、丘陵或平地，背风向阳、排灌良好、土质疏松、土层深厚透气性好的园地建园，避免在谷地、盆地或山坡底部等冷空气容易集结的地方建园，所处地理位置要求交通便利，水源条件良好。标准化示范区要求李子栽培地区最暖月份的平均温度在16.6℃以上，最冷月的平均气温应该在−1.1℃以上，年平均温度8～18℃；无霜期120天以上；年降水量大于800毫米，采前一个月内的降水量不宜超过50毫米；年日照时数1 200小时以上。

3.2 园地规划与土地整理

丘陵、山坡地建园小区面积视实际地形而定，随地形等高线筑成水平状梯田，栽植行沿等高线延长。道路的规划，主干路可以环山而上，沿坡修筑成之字形上升，且应具有0.3%的坡降。支路可以根据需要沿小区边或沟沿等自然边界筑路。修筑梯田的果园，可以利用边埂兼做作业道。

李子园应根据面积、自然条件和架式等进行规划。规划的内容包括：作业区、品种选择与配置、道路、防护林、土壤改良措施、水土保持措施、排灌系统等。坡度小于5°的缓坡地及平地以原有自然地形为基础进行土地平整，全园壕沟改土，晾晒2个月后挖定植沟，亩施有机肥或腐熟农家肥1 000千克；坡度5°～25°山地根据地形坡改梯后，挖定植穴并回填，定植穴长×宽×深为80厘米×80厘米×80厘米，回填每穴施用有机肥或腐熟农家肥20千克，回填时与表土混匀填至离地面30厘米。重茬果园和新开荒园地要进行土壤消毒，可用600倍液高锰酸钾均匀喷洒于定植穴内土壤。

3.3 种苗选择

采用定点培育、统一供应的合格苗木。具体标准及繁育方法见附1。

3.4 苗木栽植

3.4.1 定植时间

定植时间为11月至翌年2月。

3.4.2 定植密度

定植密度根据果园地形而定。平地果园栽植密度：株距×行距为3米×5米，山地果园栽植密度：株距×行距为4米×4米。

3.4.3 栽植方法

定植前清除苗木嫁接膜、适度修剪苗木根系，将根部蘸生根粉1 000倍液与1%磷酸二氢钾的混合液。栽植时将苗木根部放入穴中央，舒展根系、扶正，边填表土边轻轻向上提苗、踏实。填土后在树苗周围做高15厘米、直径50厘米的定植盘，浇透定根水，覆细土。栽植深度以土壤下沉后苗木根颈露出地面或嫁接口高出地面5厘米为宜。

4 土肥水管理

4.1 土壤管理

4.1.1 熟化土壤

土壤熟化在秋季落叶前后结合施用基肥进行，在原定植穴边缘或树冠外围滴水线开始，逐步向外扩穴，回填时混以绿肥、秸秆或腐熟的人畜粪尿、堆肥、厩肥等。

4.1.2 间作或生草

提倡李园实行生草制，种植的间作物以矮秆浅根性豆科、苜蓿、牧草等为宜，适时割除或用微型旋耕机割翻埋于土中20～30厘米。幼年李园可间种豆类、西瓜、蔬菜和绿肥等作物，成年李园可间种豆类、苜蓿、牧草等作物。

4.1.3 覆盖

高温或干旱季节，用草或秸秆等覆盖树盘，覆盖物与根颈保持10厘米以上的距离。

4.2 施肥

4.2.1 施肥原则与检测标准

满足李树对各种营养元素的需求，提倡多施有机肥、合理施用无机肥、配方施肥和经济施肥。

李树生长与结果需要从土壤中吸收各种营养元素。据叶片分析结果，李适宜的叶片营养元素含量为氮1.80%～2.10%，磷0.14%～0.23%，钾1.50%～2.50%，钙2.40%～4.00%，镁0.18%左右，以及微量的硼、锌、锰等（春梢营养枝叶片，采叶期4～5月）。

土壤养分含量为有机质1.0%～3.0%，全氮0.10%～0.15%，水解氮100～200毫克/千克，速效磷10～40毫克/千克，速效钾100～300毫克/千克，代换性钙500～2 000毫克/千克，代换性镁80～125毫克/千克，水溶性硼0.50～1.00毫克/千克，有效铁20～100毫克/千克，有效锌2～8毫克/千克（土样采自0～40厘米土层）。

4.2.2 幼树施肥

栽植当年2月、7月、11月各施肥1次，每次每株施用商品有机肥或腐熟农家肥2千克＋硫酸钾型复合肥0.25千克。二年生及三年生幼树2月、5月、7月、11月各施肥1次，每次每株施用商品有机肥或腐熟农家肥5千克＋尿素0.25千克＋硫酸钾型复合肥0.25千克。

4.2.3 结果树施肥

结果树1年施肥3次，分别是采果后施基肥、萌芽肥及果实膨大期追肥。基肥以有机肥为主，株施有机肥或腐熟农家肥20千克＋复合肥1千克；萌芽肥株施有机肥5千克＋复合肥1千克；定果后果实膨大期以复合肥及叶面追肥（0.2%磷酸二氢钾）为主，配合复合肥0.5千克，果实生长旺盛期可结合喷药进行叶面追肥。

4.3 水分管理

在萌芽开花期（2～3月）、幼果期（4～5月）如遇干旱（土壤田间持水量≤60%，或土壤含水量沙土≤5%，壤土≤15%，黏土≤25%）时应及时灌水，保持土壤湿度为田间最大持水量的60%～80%。有条件的果园宜采用滴灌。

成熟期要控制灌水，容易积水地区需要及时排涝，有条件可采用地面覆盖降低土壤含水量。

5 整形修剪与花果管理

5.1 幼树整形

采用自然开心形树形，干高50～70厘米，树高2.5～3.5米，主枝2～3个。定植后第1年冬剪后选留2～4个发育良好的枝条作为主枝，其余枝条全部剪除，第2年春夏在主枝中部绑缚进行拉枝，开张角度60°左右，冬剪时短截主枝延长枝，选定主枝下部外侧生长的分枝作为第1侧枝进行短截，短枝保留培养结果枝组。

5.2 修剪

5.2.1 结果初期修剪

结果初期修剪主要以疏除和摘心为主，为生长期修剪。及时疏去交叉枝及徒长枝，对延长枝进行摘心以促进分枝。对外围1年生枝短截，对上部及外围新梢去除直立枝保留斜生枝，中下部徒长枝轻剪培养结果枝组。

5.2.2 盛果期修剪

盛果期修剪主要以疏除为主，根据计划产量确定留枝量并维持树形，徒长枝疏除或者水平拉枝，营养枝少的要短截培养新的结果枝组，较旺生长枝每年坐果后逐渐回缩。

5.3 花果管理

5.3.1 花期管理

盛花期喷施0.1%硼砂+0.2%腐殖酸叶面肥。配置一定数量的授粉品种，授粉品种与主栽品种的比例以1∶6～10为宜，授粉品种可选择脆红李、布朗李。花期如遇大风降雨可采用人工授粉。

5.3.2 疏花疏果

花量过大时及时疏除过密花和弱花，谢花坐果后疏除畸形果、病虫果及双生果，控制结果量在亩产1 500千克左右。

6 病虫害防治

6.1 防治原则

防治原则为“预防为主，综合防治”。以农业防治为基础，提倡生物防治，按照病虫害的发生规律科学使用化学防治技术。

6.2 农业防治

加强肥水管理，合理控制负载以保持健壮树势，合理修剪，改善树体通风透光条件。秋冬季及时清理果园中病僵果、病虫枝条、病叶等病组织，减少果园初侵染菌源和虫源，喷5波美度石硫合剂封园；树干用石灰硫黄涂剂涂刷树干。

6.3 物理生物防治

每20亩地挂太阳能频振式杀虫灯1盏，每亩挂黄色粘虫板30张。

6.4 化学防治

对症下药，适时用药；注重药剂的轮换使用和合理混用；按照规定的浓度、每年的使用次数和安全间隔期（最后一次用药距离果实采收的时间）要求使用，果实采收前20天不得用药。对化学农药的使用情况进行严格、准确的记录。允许使用的杀虫剂及杀菌剂见附2。

6.5 病害综合防治

主要病害有细菌性穿孔病、李红点病、流胶病及褐腐病等，防治措施有：①合理修剪，改善通风透光，增施有机肥，使树体健壮，提高抗病力。②冬季清园：喷3～5波美度石硫合剂；③萌芽前：喷99%矿物油300倍液；④谢花80%后：20%噻唑锌悬浮剂（碧生）375倍液+80%代森锰锌可湿性粉剂500～600倍液喷雾。⑤幼果期：80%代森锰锌可湿性粉剂500～600倍液+40%戊唑·噻唑锌悬浮剂（碧穗）750倍液或10%苯醚甲环唑水分散粒剂（世高）2 000倍液。

6.6 虫害综合防治

主要害虫有李实蜂、桃蛀螟、介壳虫类等，防治方法：①幼（若）虫为害初期用2.5%溴氰菊酯乳油（敌杀死）2 000倍液或10%联苯菊酯乳油1 000倍液、22%氟啶虫胺腈悬浮剂（特福力）3 000倍液、70%吡虫啉水分散粒剂5 000倍液喷洒树冠。②4～5月桃蛀螟成虫产卵期，果上卵为红色时，及时用2.5%溴氰菊酯乳油（敌杀死）2 000倍液或10%联苯菊酯乳油1 000倍液喷雾。③冬季清园时喷3～5波美度石硫合剂消灭越冬虫源。

7 采收、分级及贮运

7.1 果实采收

根据成熟期不同，脆李集中在6～8月成熟，鲜食销售的需适时采收，即果面完全着色为青黄色，可溶性固形物含量12%以上，需长距离运输的可适当提前5～7天。采收时准备好采果筐，内垫布袋为宜，轻摘轻放，保留果粉，分级采摘、堆放、销售。

7.2 果实分级

特级果：单果重45克以上，果实口感酸甜适口、松脆化渣，果粉多，果型端正。

一级果：单果重40克以上，果实口感酸甜适口、松脆化渣，果粉多，果型端正。

二级果：单果重30～40克，果实口感酸甜适口、松脆化渣，果粉中等。

三级果：单果重20～30克，果实口感一般、略有涩味，果粉少。

7.3 包装及运输

果实采收后放入5℃冷库进行预冷后，在温度2℃、相对湿度90%～95%的冷库贮藏。不定期通风换气，排出过多二氧化碳等，李果实可在该条件下贮藏30～40天，出库时要逐渐升温，李子要保持固有的风味和新鲜度，无明显失水及皱缩，要求好果率达95%。分选包装后进行运输，温度以2～5℃为宜。

附1　苗木标准及繁育方法

1　出圃要求

苗木基径0.8厘米以上，定干高度60厘米，根系完整、健壮、芽质饱满、无检疫对象和病虫害。

2　苗木培育

2.1　苗圃地选择及砧木苗培育

选择背风向阳，地势平坦，土层深厚，排水良好的沙壤土或轻黏壤土的地块。要求水源充足，有良好的灌溉条件。忌李树果园、苗圃等重茬地和病虫害发生严重地块。

采用毛桃等作砧木。在果实充分成熟时进行采收，除去果肉，漂洗去空瘪种子，去除杂质，洗净种核并放在背阴通风处阴干。种子纯净度大于95%。准备春播的种子要在前一年的秋季或入冬前进行层积处理。层积处理前将种子用清水浸泡3～4天。层积时，沟底铺5～10厘米厚的湿沙，用含水量50%的湿沙和种子按体积比5：1混合倒入沟内，顶部10厘米用湿沙填平。层积时间为60～90天。

秋播，播种量30千克/亩，出砧木苗数为1.0万株/亩左右。采用点播的方式播种，幼苗长出2～3片真叶时进行第一次间苗，疏去过密、弱小和受病虫危害的幼苗，并对缺苗处进行补苗。结合灌水追肥1～2次，每次施入尿素6～8千克/亩。

2.2　嫁接及管理

在指定采穗圃剪接穗。选取已木质化的新梢并在新梢中部取饱满的芽，枝接接穗应选取生长充实、芽体饱满的一年生发育枝。嫁接在 3 月下旬至 4 月上旬进行，采用带木质部芽接或枝接，当砧木苗长到 40～50 厘米、粗度达到 0.3～0.5 厘米时，距地面 5～10 厘米处采用“T”形芽接。当接芽长至 10 厘米时可解除绑缚，及时除去砧木上的萌蘖。接芽萌发后，及时浇水。结合浇水追施尿素 15 千克/亩。

附 2　允许使用的杀虫剂及杀菌剂

1. 巫山脆李园允许使用的主要杀虫剂及防治对象

农药种类	防治对象
70%吡虫啉水分散粒剂、22%氟啶虫胺腈（特福力）	蚜虫类
10%氯氰菊酯、2.5%溴氰菊酯（敌杀死）2 000 倍液或 10%联苯菊酯 1 000 倍液	李实蜂、蚜虫类、李小食心虫
5%尼索朗可湿性粉剂、15%哒螨灵、三唑锡、1.8%阿维菌素	红蜘蛛类
10%氯氰菊酯、2.5%溴氰菊酯（敌杀死）2 000 倍液或 10%联苯菊酯 1 000 倍液	卷叶蛾类、东方金龟子

2. 巫山脆李果园允许使用的主要杀菌剂种类及防治对象

农药品种	稀释倍数和使用方法	防治对象
50%腐霉利	800～1 000 倍液，喷施	褐腐病
石硫合剂	发芽前 3～5 波美度，生长期 0.3～0.5 波美度，喷施	李穿孔病、流胶病
40%戊唑・噻唑锌悬浮剂（碧穗）	750 倍液，喷施	李红点病、穿孔病
50%嘧酯・噻唑锌悬浮剂（碧叶）	750 倍液，喷施	李红点病、霜霉病、穿孔
20%烯肟・戊唑醇悬浮剂（爱可）	700 倍液，喷施	李红点病、炭疽病、流胶病
80%代森锰锌可湿粉剂（大生）	1 000～1 500 倍液，喷施	李褐腐病、炭疽病

附 3 巫山脆李管理工作年历

月份	物候期	管理内容	技术措施
1—2	休眠期	清园、涂白	①清园，全园喷施 3～5 波美度石硫合剂； ②树干涂白
3	萌芽期	防治病虫	喷绿颖（SK 矿物油 99%）矿物油 300 倍液
4	开花展叶期（谢花 80%）	防治病虫、施肥促花	①防治蚜虫、细菌性穿孔病及红点病：喷 20%噻唑锌悬浮剂（碧生）375 倍液＋80%代森锰锌可湿粉剂 800 倍＋2.5%溴氰菊酯乳油 2 000 倍液； ②幼树整形（拉枝）； ③花前灌水，施萌芽肥（株施有机肥 5 千克＋复合肥 1 千克）； ④喷施 0.1%硼砂＋0.2%腐殖酸叶面肥
5	幼果期	疏花疏果、防治病虫	①人工疏花疏果，疏除过密花和弱花，谢花坐果后疏除畸形果、病虫果及双生果； ②病虫综合防治：喷 1.8%阿维菌素乳油 1 000 倍＋40%戊唑・噻唑锌悬浮剂（碧穗）750 倍＋80%代森锰锌可湿粉剂 800 倍（或 60%吡唑醚菌脂代森联水分散粒剂 750 倍）
6	果实膨大期	施肥、防病、防裂果	①追肥，株施复合肥 1 千克，喷叶面肥（0.2%磷酸二氢钾＋钙肥）； ②控制土壤水分； ③病害防治：喷戊唑・噻唑锌悬浮剂（碧穗）750 倍液＋80%代森锰锌可湿粉剂 800 倍液（或 60%吡唑醚菌脂代森联水分散粒剂 750 倍）加 50%腐霉利可湿性粉剂 1 000 倍液
7	果实成熟期	采收	①适时分级采收； ②低温（2℃）贮藏运输
8	树体恢复期	施肥、防病	①喷叶面肥（磷酸二氢钾 0.5%）； ②喷 75%甲基硫菌灵 500～800 倍液或 50%百菌清1 200 倍液
9—11	秋季生长期	土壤改良、施肥	①深翻、扩穴、改良土壤； ②施基肥，株施有机肥或腐熟农家肥 20 千克＋复合肥 1 千克
12	休眠期	修剪	冬季修剪（幼树短截定形，结果树以疏枝为主，疏除下垂枝、重叠交叉枝、病虫枝，衰老树回缩更新），修剪后清园

主要参考文献

吕平会，何佳林，2013. 李周年管理关键技术［M］. 北京：金盾出版社.
余德亿，2011. 福建李树病虫害种类及综合防控技术［M］. 厦门：厦门大学出版社.
张加延，2015. 中国果树科学与实践・李［M］. 西安：陕西科学技术出版社.
张青，2017. 李高效栽培技术（南方本）［M］. 北京：中国农业出版社.
章镇，韩振海，2012. 果树分子生物学［M］. 上海：上海科学技术出版社.

图书在版编目（CIP）数据

李高效生产技术/吴剑波主编．—北京：中国农业出版社，2019.8（2022.6 重印）
全国农民教育培训规划教材
ISBN 978-7-109-25430-5

Ⅰ.①李…　Ⅱ.①吴…　Ⅲ.①李－果树园艺－技术培训－教材　Ⅳ.①S662.3

中国版本图书馆 CIP 数据核字（2019）第 073785 号

中国农业出版社出版
（北京市朝阳区麦子店街 18 号楼）
（邮政编码 100125）
责任编辑　高　原

北京通州皇家印刷厂印刷　　新华书店北京发行所发行
2019 年 8 月第 1 版　　2022 年 6 月北京第 4 次印刷

开本：720mm×960mm 1/16　　印张：6.75
字数：250 千字
定价：29.00 元